1 *Sportfest in der Bergschule*

Das Säulendiagramm zeigt für Jungen und Mädchen der Klasse 5 die Verteilung der Urkunden.

a) Lies die Zahlen im Säulendiagramm ab. Trage sie in die Tabelle ein.

b) Vervollständige die Tabelle.

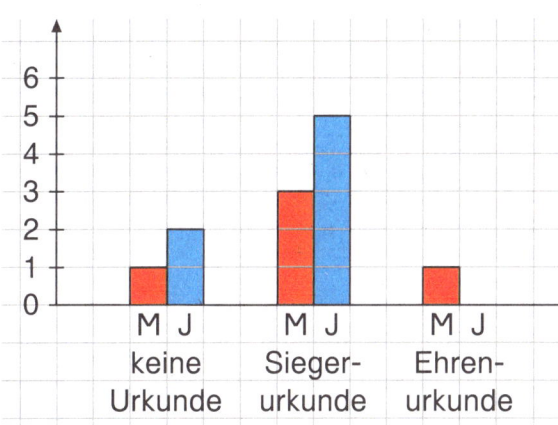

Urkun-den in Klasse 5	Mäd-chen	Jungen	insge-samt
keine Urkunde			
Sieger-urkunde			
Ehren-urkunde			

2 a) Erstelle ein Säulendiagramm zur Tabelle für die Klasse 6.

b) Vervollständige die Tabelle.

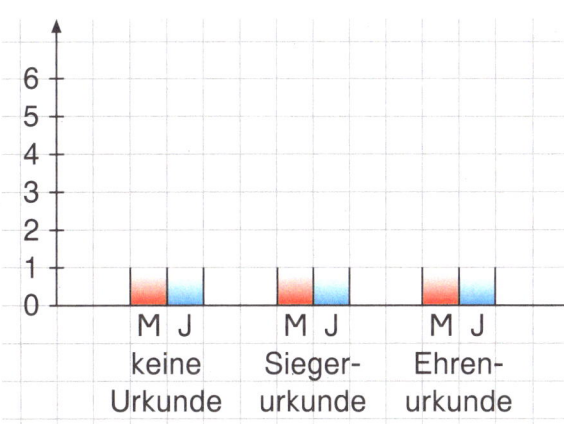

Urkun-den in Klasse 6	Mäd-chen	Jungen	insge-samt
keine Urkunde	2	4	
Sieger-urkunde	3	1	
Ehren-urkunde	1	2	

3 Wie viele Mädchen und wie viele Jungen der Klasse 6 haben eine Urkunde erhalten?

A: _____

Daten darstellen und auswerten

1 Erstelle für jede Schule zu den Ergebnissen ein Säulendiagramm.

Urkunden	Bergschule		Waldschule		Auschule		Seeschule	
	Mäd-chen	Jungen	Mäd-chen	Jungen	Mäd-chen	Jungen	Mäd-chen	Jungen
keine Urkunde	10	5	0	5	5	10	5	10
Sieger-urkunde	25	30	15	10	25	35	40	15
Ehren-urkunde	15	20	35	25	15	20	25	40

Bergschule
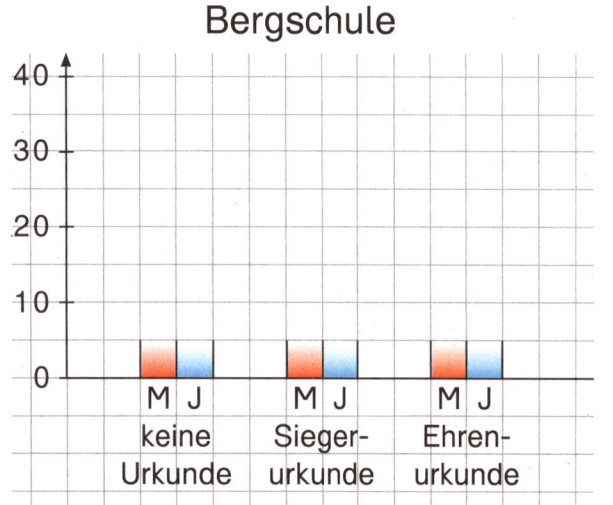

Waldschule
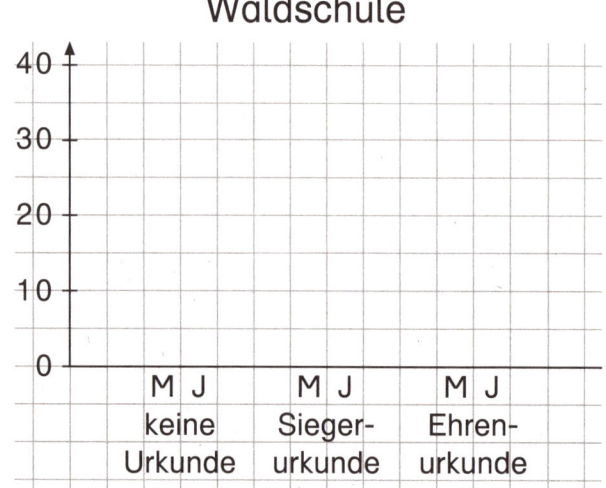

Auschule
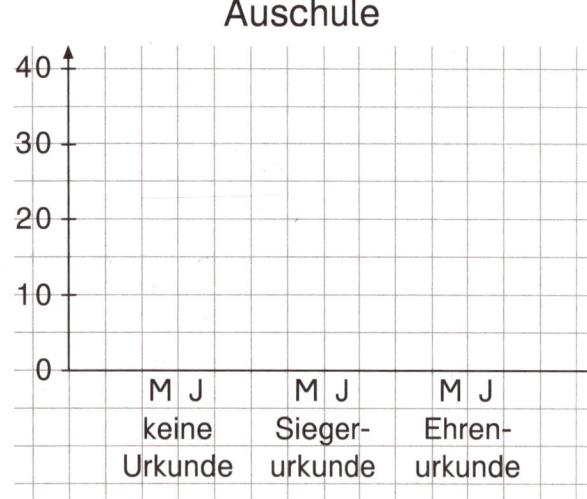

Seeschule
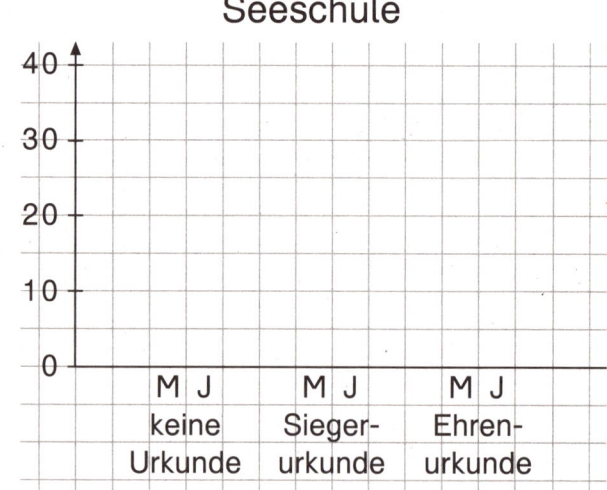

2 a) Wie viele Mädchen besuchen die Bergschule?

A: _____

b) Wie viele Mädchen und Jungen der Waldschule haben eine Ehrenurkunde erhalten?

A: _____

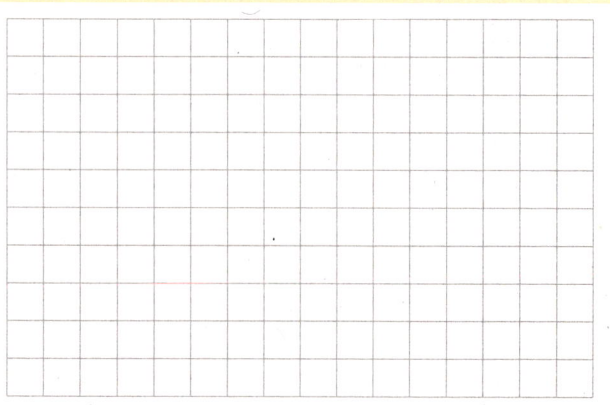

Umfrage zur gesunden Ernährung in der Schule am Burgtor:
Frühstückst du, bevor du in die Schule gehst?
Antworten in Klasse 5:   immer ⱶⱵ ‖   manchmal ‖‖   nie ‖

Vor der Schule frühstücke ich	Klasse 5	Klasse 6	Klasse 7	Klasse 8	Klasse 9	Klasse 10
immer		6	5	5	3	2
manchmal		4	6	5	5	4
nie		2	3	3	5	6

1 Entnimm die Ergebnisse für Klasse 5 der Strichliste und trage sie in die Tabelle ein.

2 Für drei Klassen findest du hier fertige Diagramme. Ordne zu.

Klasse _____

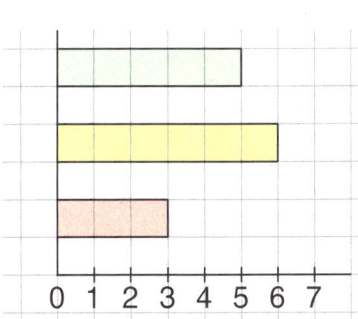

Klasse _____

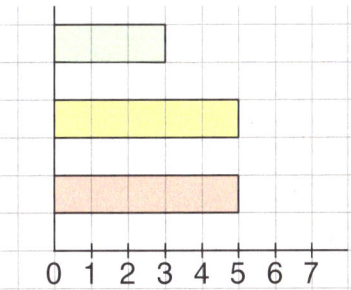

Klasse _____

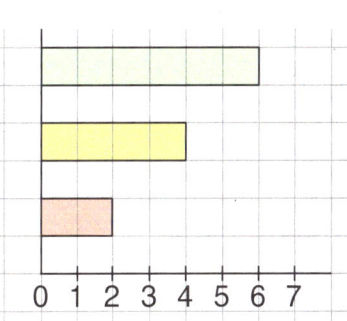

3 Erstelle Diagramme zu den Zahlen in der Tabelle in Aufgabe 1.

Klasse 5

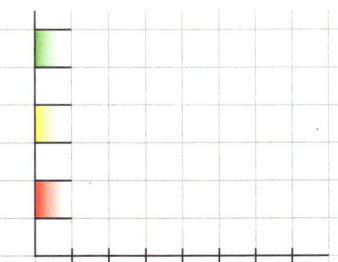

Klasse 8

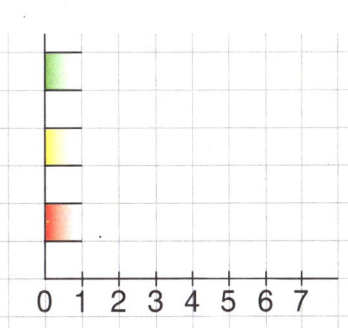

Klasse 10

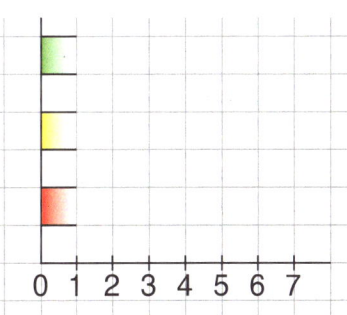

4 Jannik sagt: „Je älter die Schüler werden, desto seltener frühstücken sie vor der Schule." Hat Jannik Recht? Begründe deine Antwort.

_____

_____

1 Wie heißen die Zahlen?
Trage in die Tabelle ein.

a)

b)

c)

d)

H	Z	E	Zahl
3	5	6	356

2 Zeichne die Zahlenbilder.

a) 248 = _____

165 = _____

403 = _____

b) 187 = _____

350 = _____

64 = _____

3 In der Stellenwerttafel kannst du mit Plättchen Zahlen legen. Ergänze.

a)

H	Z	E	Zahl
			256

b)

H	Z	E	Zahl
			713
			602
			285
			374

4 Verwende 4 Plättchen. Wie viele verschiedene Zahlen kannst du legen?

H	Z	E	Zahl

H	Z	E	Zahl

1 a) Welche Fragen passen zum Bild? Kreuze an.
   ○ Wie alt sind die Schüler?
   ○ Reicht Lauras Geld für 3 belegte Brötchen?
   ○ Wie teuer sind ein belegtes Brötchen und eine Milch?
   ○ Wie viel Geld bekommt Vitali zurück?
   ○ Wie teuer sind 4 Äpfel?

b) Schreibe weitere passende Fragen zum Bild auf.

_____

_____

_____

2 Peter gibt seinem Freund ein belegtes Brötchen und einen Joghurt aus.

F: Wie viel Euro muss Peter bezahlen?

A: _____

3 In der Klasse 5a sind 10 Schülerinnen und Schüler.
Die Lehrerin kauft für alle Kinder Kakao.

F: _____

A: _____

Rechengeschichten – Rechenoperationen erkennen und zuordnen

1 Welche Rechenart passt zum Text?
Kreuze an.

	+	−	·	:
Inge hat 50 €. Sie kauft eine Kette für 20 €.				
Eine Kinokarte kostet 5 €. In der Klasse sind 9 Kinder.				
Suada kauft einen Ball für 12 € und ein Netz für 7 €.				
Die Moorschule kauft 5 Stühle. Ein Stuhl kostet 60 €.				
Herr Kuper zahlt für 6 Tassen insgesamt 18 €.				
Das Buch hat 130 Seiten. Peter hat schon 60 Seiten gelesen.				
Auf dem Parkplatz stehen 60 Autos. Die Hälfte davon sind viertürig.				
Anton hat schon 38 € gespart. Nun bekommt er 5 € dazu.				
Die Schüler fahren zuerst 35 km. Später fahren sie weitere 23 km.				

2 Welche Rechengeschichte passt zur Aufgabe?
Verbinde.

5 · 4	Achim kauft ein Leseheft für 4 €. Er bezahlt mit einem 20-Euro-Schein.
5 + 4	Ute hat 20 Klebebilder gesammelt. Immer 4 Bilder klebt sie auf eine Seite ihres Sammelheftes.
20 : 4	Herr Berger geht 5 mal in den Keller. Er holt jedes Mal 4 Blumenkästen.
20 − 4	Frau Westdorf hat 5 Goldfische in ihrem Aquarium. Ihr Mann schenkt ihr 4 weitere Fische.

3 Färbe zusammengehörende Teile in der gleichen Farbe.

Jeder Sticker 25 Cent

Orhan kauft 3 Sticker.	Wie viele Sticker erhält jedes Kind?	25 + 3
Herr Mann bezahlt einen Sticker mit einer 50-Cent-Münze.	Wie viel Cent bekommt er zurück?	3 · 25
Ruth und Ayse bekommen 50 Sticker und teilen sich diese.	Wie viele Sticker sind das insgesamt?	50 − 25
Petra hat schon 25 Sticker. Nun bekommt sie 3 dazu.	Wie teuer sind 3 Sticker?	50 : 2

1 Welcher Text passt zum Bild? Kreuze an.

a)

b)

○ Lana und Marek bezahlen für den Eintritt zusammen 40 €.

○ Lana hat 40 Cent. Sie teilt das Geld mit ihrem Bruder.

○ Ein Schreibheft kostet 40 Cent. Lana kauft 3 Schreibhefte.

○ Mike hat 10 €. Er kauft ein Spiel und zwei Hefte.

○ Mike kauft ein Buch für 9 €. Er bezahlt mit einem 10-€-Schein.

○ Mike kauft ein Buch. Er bezahlt mit einem 20-€-Schein.

2 Schreibe die Rechengeschichte zur Aufgabe zu Ende. Rechne aus.

50 + 60   Maya kauft Milch für 50 Cent und _____

F: _____

R: _____

A: _____

3 Erfinde eine Rechengeschichte zur Aufgabe. Rechne aus.

a) 3 · 40   _____

F: _____

R: _____

A: _____

b) 50 − 20   _____

F: _____

R: _____

A: _____

Ein Besuch im Zoo ist immer wieder ein Erlebnis

Der Eintritt für Personen unter 1,20 m ist frei, alle anderen zahlen nur 6,50 €.
Der Preis für die Gruppenkarte (5 Personen) beträgt 30 €.
Wer die Streichelwiese besucht, kann dort Tierfutter kaufen: 100 g für nur 50 Cent.

KASSE Wir brauchen 12 Karten.

1 Übertrage die richtigen Zahlenwerte in die Lücken des Textes.

Am Freitag fahren _____ Schülerinnen und Schüler in den Zoo.

Eine Eintrittskarte kostet _____ €.

Die Gruppenkarte für 5 Personen kostet _____ €.

Für Personen, die kleiner als _____ m sind, ist der Eintritt frei.

2 a) Die Schüler kaufen 2 Gruppenkarten und 2 Einzelkarten.

F: Wie viel Euro müssen die Schüler insgesamt bezahlen?

A: _____

b) Ifra kauft 400 g Tierfutter.

F: _____

_____

A: _____

3 Kreuze die Fragen an, die du beantworten kannst.

○ Im Affengehege leben 12 weibliche und 8 männliche Tiere. Wie alt ist das älteste Tier?

○ Die Führung durch das Aquarium beginnt 17.30 Uhr und dauert 20 Minuten. Wann wird der Zoo geöffnet?

○ Ein Ei im Zoorestaurant wird 6 Minuten gekocht. Wie lang ist die Kochzeit von 4 Eiern?

○ Die Riesenschildkröte hat ein Alter von 120 Jahren und ist doppelt so alt wie der Elefant. Wie alt ist der Elefant?

1 Unterstreiche alle Angaben, die du zum Lösen der Aufgabe brauchst.

a) Familie Rosen wohnt in Düsseldorf. Beim Zoobesuch kauft Herr Rosen für 5 Personen eine Karte für 30 € und bezahlt mit einem 100-€-Schein. Alle freuen sich.

F: Wie viel Euro bekommt Herr Rosen zurück?

R:

A: _____

b) Jana ist 12 Jahre alt. Zum Geburtstag hat sie 150 € bekommen. Sie möchte sich dafür eine Kamera für 90 € kaufen. Ihre Schwester berät sie beim Kauf.

F: Wie viel Euro behält Jana übrig?

R:

A: _____

c) Kevin ist Fahrradfan. Manchmal fährt er Touren, die länger als 30 km sind. Für seine Ausrüstung kauft er einen Tacho für 15 € und einen Helm für 25 €.

F: _____

R:

A: _____

d) Renato versteht sich sehr gut mit seinen 3 Schwestern. Leider haben diese keine Schreibhefte übrig, sodass er selber welche kaufen muss. Ein Heft kostet 40 Cent. Renato braucht 5 Hefte. Da er jeden Tag um 7 Uhr aufsteht, kann er die Hefte schon vor Schulbeginn kaufen.

F: _____

R:

A: _____

1 Welche Skizze passt zum Text? Kreuze an.

Die Bergschule kauft 5 Tennisschläger, 2 Fußbälle und 1 Skateboard.

○    ○

2 Löse mit einer Skizze und schreibe einen Antwortsatz.

a) Die Seeschule bestellt einen Hockeyschläger und 2 Springseile.

   F: Wie viel Euro müssen bezahlt werden?

   A: _____

b) Die Waldschule hat insgesamt 40 € für Sportgeräte ausgegeben.

   F: Was kann die Schule für 40 € gekauft haben?

   A: _____

3 Schreibe eine Rechengeschichte zur Skizze.

   _____

_____

_____

F: _____

A: _____

1 Frau Wübben kauft 12 Kiwis.

F: Wie viel Euro muss sie bezahlen?

Kiwis	
Anzahl	Preis
1	30 Cent
2	60 Cent
10	300 Cent
12	360 Cent

A: _____

2 Berechne die Preise für die Einkäufe.

a) 3 Birnen

Birnen	
Anzahl	Preis
1	50 Cent
2	
3	

b) 11 Bananen

Bananen	
Anzahl	Preis
1	60 Cent
10	
11	

c) 20 Äpfel

Äpfel	
Anzahl	Preis
1	
10	
20	

3 In der Tabelle stehen Schülerzahlen der Talschule.

TALSCHULE	Mädchen	Jungen	Insgesamt
Schülerzahl	60	75	135
jünger als 10 Jahre	20	31	51

a) Wie viele Jungen besuchen die Talschule?   _____

b) Wie viele Kinder sind jünger als 10 Jahre?   _____

c) Wie viele Mädchen sind mindestens 10 Jahre?   _____

4 Im Juni nehmen alle 95 Schülerinnen und Schüler der Turmschule am Ausflug zum Zoo teil. 30 Jungen fahren mit dem Bus zum Zoo, 24 Jungen und 15 Mädchen kommen mit dem Fahrrad dorthin.

a) Wie viele Schülerinnen und Schüler kommen mit dem Fahrrad zum Zoo? Trage diese Zahl in die Tabelle ein.

b) Wie viele Mädchen besuchen die Turmschule? Trage in die Tabelle ein.

TURMSCHULE	Mädchen	Jungen	Insgesamt
Schülerzahl		54	95
Anreise mit dem Fahrrad	15	24	

1 Ordne die Kinder nach der Größe.

Antonia 1 m 58 cm

Fidan 1,57 m

Emre 1,61 m

Pascal 160 cm

_____

2 Stimmt die Aussage? Kreuze an.
- ○ Emre ist 4 cm größer als Fidan.
- ○ Wenn Antonia um 5 cm wächst, ist sie größer als 1,60 m.
- ○ Pascal ist der größte Schüler.
- ○ Fidan ist 3 cm kleiner als Pascal.

3 Vervollständige die Tabelle.

a)

1 m 12 cm		
	103 cm	
		0,98 m

b)

1 cm 4 mm		
	19 mm	
		1,5 cm

4 Setze ein: m, cm oder mm

15 _____   25 _____   150 _____   2,20 _____   700 _____

5 Stimmt die Aussage? Kreuze an.
- ○ Ein Igel wird bis zu 35 m groß.
- ○ Manche Ameisen sind größer als 10 mm.
- ○ Es gibt Schlangen, die mehr als 300 cm lang werden.
- ○ Hirsche werden immer genau 1,58 m groß.
- ○ Ein Hirschgeweih ist manchmal länger als 500 cm.
- ○ In den ersten Lebensjahren wächst ein Fuchs täglich um 2 m.
- ○ Ein ausgewachsener Igel kann doppelt so groß sein wie ein junger Igel.

1 Bernd, Sascha und Igor vergleichen ihre Körpergröße.

Welche Skizze passt? Kreuze an.
Schreibe auf, wie groß die Jungen sind.

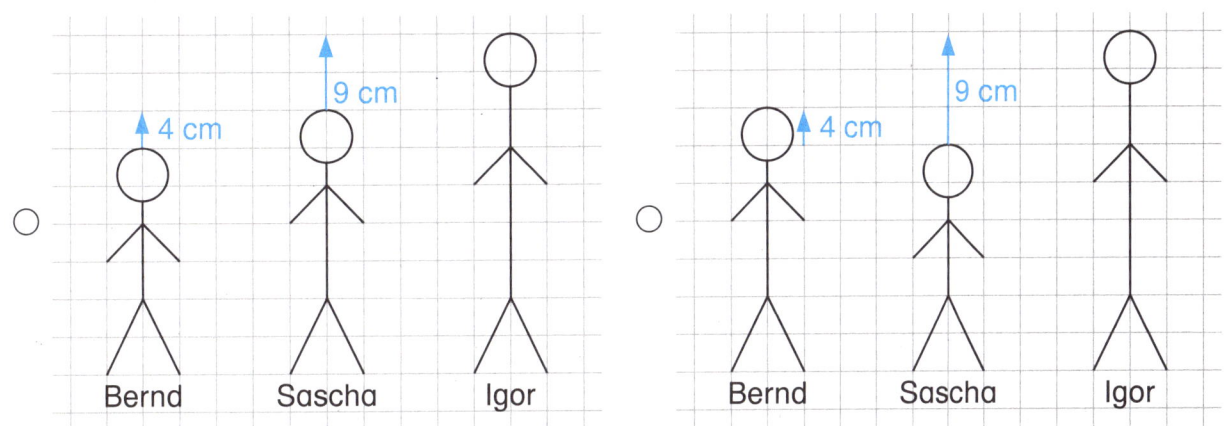

Bernd: _____ m   Sascha: _____ m   Igor: _1,74_ m

2 Zeichne eine Skizze. Schreibe auf, wie groß die Mädchen sind.

Sabine: _____ m   Jennifer: _____ m   Karola: _____ m

3 Bernd wohnt genau 850 m von der Schule entfernt. Nach 300 m kommt er an der Wohnung von Sabine vorbei.
Wie lang ist Sabines Schulweg?
Welche Skizze passt? Kreuze an.

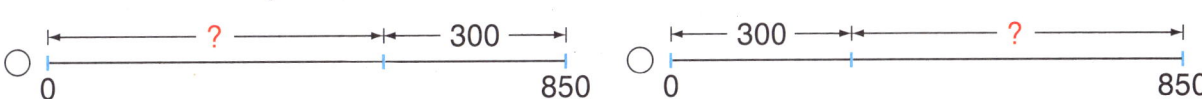

Sabine Schulweg ist _____ m lang.

1   Wer war der Schnellste beim Laufen der Stadionrunde?

_____

2   Stimmt die Aussage?
Kreuze an.

○ Sinan war 5 Sekunden
  langsamer als Timo.
○ Alle Läufer haben mehr als
  eine Minute gebraucht.

○ Rene war 3 Sekunden
  langsamer als Sinan.
○ Rene war 2 Sekunden
  schneller als Timo.

3   Vervollständige die Tabelle.

a)

1 min 15 s	1 min 8 s	
75 s		70 s

b)

1 h 5 min		1 h 40 min
65 min	73 min	

4   Setze ein: h, min oder s
Wie lange dauert …

a) eine Unterrichtsstunde? 45 _____

b) eine kleine Pause?   300 _____

c) eine große Pause?   15 _____

d) ein Schulvormittag?   5 _____

5   Stimmt die Aussage?
Kreuze an.

○ Eine große Pause dauert länger
  als 600 Sekunden.
○ Für den Weg zur Schule benötigt
  eine Schülerin jeden Tag 8 Stunden.
○ In den meisten Schulen wird nach
  45 Stunden eine Pause gemacht.

○ 4 Unterrichtsstunden sind
  nach 100 Minuten beendet.
○ Die Hausaufgaben können
  nach 30 Minuten erledigt sein.
○ Eine Schulstunde dauert
  länger als 1 000 Sekunden.

1 Vervollständige die Tabelle. Wer hat die kürzeste Fahrzeit?

Vanessa fährt um 7.10 Uhr los und erreicht die Schule um 7.46 Uhr.
Gaby fährt 35 Minuten und kommt um 7.50 Uhr bei der Schule an.
Thomas fährt um 7.12 Uhr los, seine Fahrzeit beträgt 39 Minuten.

	Vanessa	Gaby	Thomas
Abfahrt	7.10 Uhr		
Fahrzeit			
Ankunft	7.46 Uhr	7.50 Uhr	

2 Vervollständige die Tabelle. Wer hat die längste Fahrzeit?

Kai fährt um 13.25 Uhr mit dem Bus von der Schule ab. Um 14.00 Uhr steigt Kai aus.
Sophie steigt um 13.45 Uhr in den Bus ein und verlässt ihn nach 25 Minuten.
Hamit fährt 32 Minuten mit dem Bus. Er steigt um 14.02 Uhr aus.

	Kai	Sophie	Hamit
Abfahrt			
Fahrzeit			
Ankunft			

3

Mein Bus fährt um 6.50 Uhr los. Nach 10 Minuten bin ich am Bahnhof. Um 7.23 Uhr fährt der Zug ab. Um 9.04 Uhr kommt der Zug an.

Meine Busfahrt dauert 25 Minuten. Um 8 Uhr bin ich am Bahnhof. Vier Minuten später fährt der Zug ab. Um 9.35 Uhr kommt der Zug an.

Trage in die Tabelle ein.

	Abfahrt (Bus)	Fahrzeit (Bus)	Ankunft (Bus)	Abfahrt (Zug)	Fahrzeit (Zug)	Ankunft (Zug)	gesamte Fahrzeit
Herr Frericks							
Frau Düttmann							

1 Zeichne ein Balkendiagramm zum Gewicht der Tiere.

Walross	Seehund	Giraffe	Nashorn	Zebra	Gorilla
1 500 kg	100 kg	800 kg	1 700 kg	350 kg	150 kg

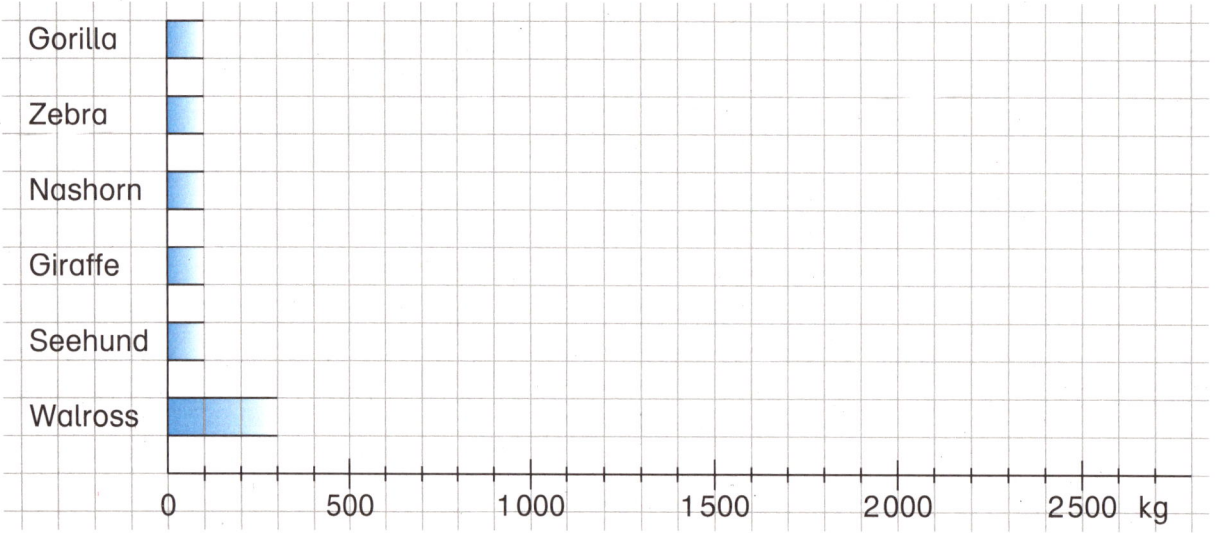

2 Stimmt die Aussage? Kreuze an.

○ Eine Giraffe ist schwerer als ein Nashorn.

○ Ein Nashorn wiegt halb so viel wie ein Seehund.

○ 4 Gorillas sind leichter als eine Giraffe.

○ Ein Nashorn wiegt mehr als 3 Zebras.

3 Vervollständige die Tabelle.

a)

1 kg 350 g		
	7 200 g	
		0,456 kg

b)

2 t 205 kg		
	7 000 kg	
		2,555 t

4 Trage die passende Einheit ein: g, kg oder t

40 _____   55 _____   0,8 _____   5,5 _____   1 _____

Löwen sind die größten Raubtiere Afrikas. Männliche Löwen können bis zu 2,50 m lang und 250 kg schwer sein. Löwenweibchen wiegen fast 100 kg weniger und haben eine Körperlänge von etwa 1,80 m. Löwen schlafen bis zu 20 Stunden am Tag. Sprünge auf Beutetiere haben oft eine Länge von 8 m. In der Wildnis haben Löwen eine Lebenserwartung von etwa 15 Jahren. Im Zoo können sie sogar doppelt so alt werden und wiegen bis zu 50 kg mehr. Ein Löwenmännchen im Zoo frisst täglich etwa 6 kg Fleisch, Löwenweibchen fressen 2 kg weniger.

1 Kannst du die Frage mit den Informationen aus dem Text beantworten? Kreuze an.

○ Wie lange kann ein Löwe pro Tag schlafen?

○ Wie viel Liter trinkt ein Löwe täglich?

○ Wie alt werden Löwen im Zoo?

○ Wie viel Junge bekommt ein Löwenweibchen pro Jahr?

○ Wie schwer wird ein ausgewachsenes Löwenweibchen in der Wildnis?

○ Wie viel Kilogramm Fleisch verbraucht ein Löwenmännchen täglich?

2 Ergänze die fehlenden Werte.

a) Bei der Jagd auf Beutetiere springt der Löwe bis zu _____ weit.

b) Das Löwenmännchen ist bis zu _____ schwerer als das Weibchen.

c) Ein Löwenweibchen im Zoo verbraucht täglich etwa _____ Fleisch.

3 Im Raubtiergehege des Zoos leben 2 Löwenmännchen und 2 Löwenweibchen.

F: Wie viel kg Fleisch werden täglich verfüttert?

A: _____

4 Zu einem anderen Löwenrudel gehören 3 Männchen und 4 Weibchen. Einmal in der Woche wird Futterfleisch geliefert.
1 kg kostet 2 €.

F: _____

A: _____

Problemlösen
Addieren und Subtrahieren

1 Die Summe der Zahlen in zwei nebeneinander liegenden Steinen steht im Stein darüber.

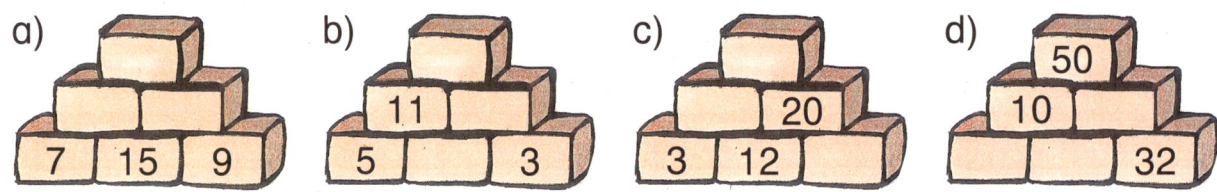

a) 7 15 9
b) 11 / 5 3
c) 20 / 3 12
d) 50 / 10 / 32

2

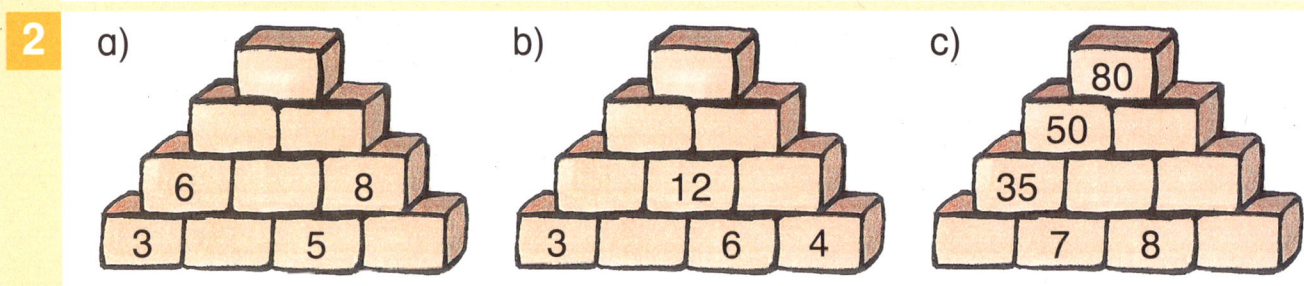

a) 6 8 / 3 5
b) 12 / 3 6 4
c) 80 / 50 / 35 / 7 8

3 Trage die Zahlen richtig ein. Eine Zahl bleibt übrig.

a) 28

5 12 16 9 24 28 7

b) 70

40 25 70 5 60 30 35

c) 90

60 25 90 15 5 20 65

4 Trage die Zahlen ein.

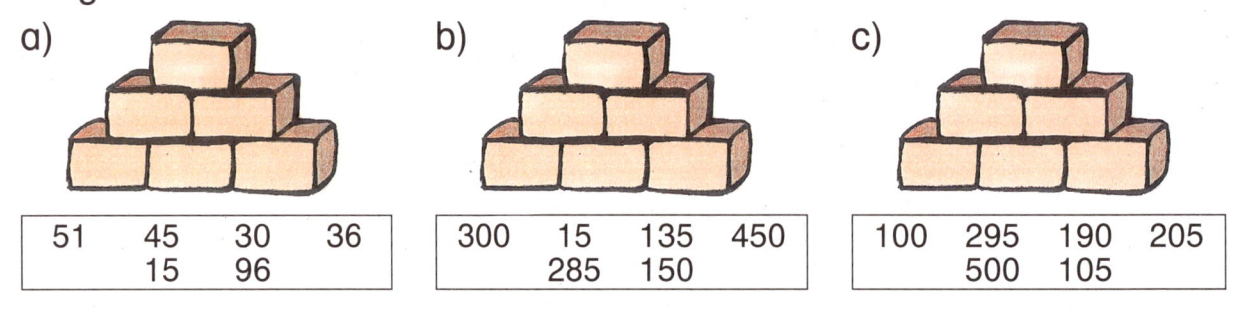

a)

51 45 30 36
15 96

b)

300 15 135 450
285 150

c)

100 295 190 205
500 105

5 Hier sind die Zahlen für die untere Schicht gegeben. Trage ein.

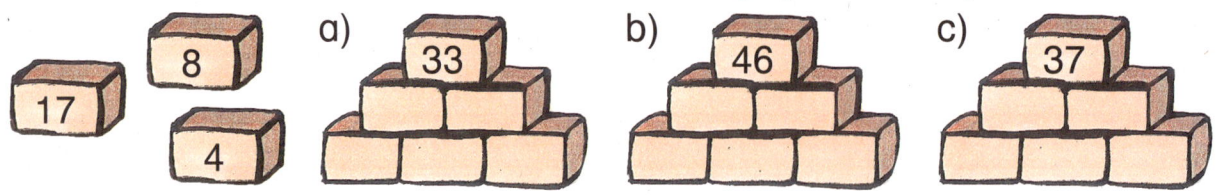

17 8 4

a) 33
b) 46
c) 37

6 Hier sind die Zahlen für die untere Schicht gegeben. Trage ein.

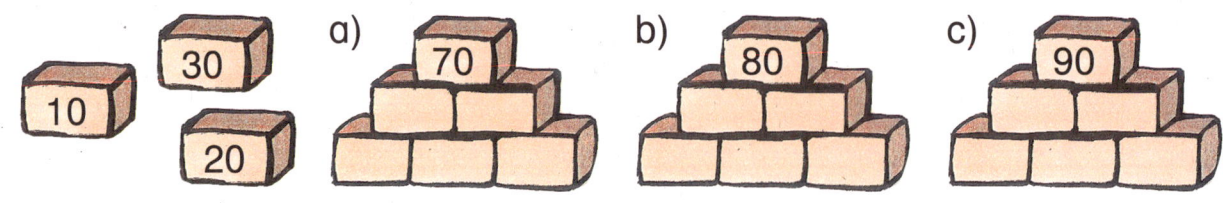

10 30 20

a) 70
b) 80
c) 90

1 1.

Urkunden	Mädchen	Jungen	insgesamt
Keine	1	2	3
Siegerurkunde	3	5	8
Ehrenurkunde	1	0	1

2. Keine Urkunde: M – 2 Karos; J – 4 Karos; insgesamt: 6,
Siegerurkunde: M – 3 Karos; J – 1 Karo; insgesamt: 4
Ehrenurkunde: M – 1 Karo; J – 2 Karos; insgesamt: 3

3. 4 Mädchen und 3 Jungen haben eine Urkunde erhalten.

2 1.

Bergschule 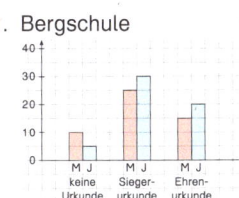 Waldschule 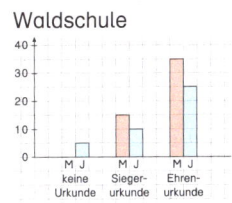 Auschule 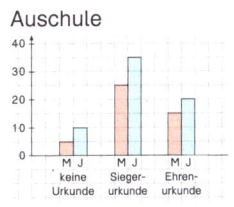 Seeschule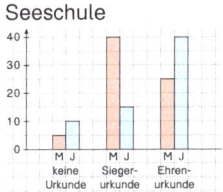

2. a) 50 Mädchen besuchen die Bergschule

b) 60 Mädchen und Jungen

3 1. Klasse 5: immer: 7; manchmal 3; nie: 2

2. von links nach rechts: Klasse 7   Klasse 9   Klasse 6

3. Klasse 5 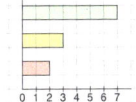   Klasse 8 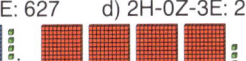   Klasse 10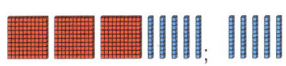

4. Jannik hat Recht. Man liest in der Tabelle ab, dass ältere Schüler immer weniger vor der Schule frühstücken.

4 1. b) 4H–4Z–2E: 442   c) 6H–2Z–7E: 627   d) 2H–0Z–3E: 203

2. a) [Darstellung]; b) [Darstellung]

3. a) 256; 732; 835; 305   b) H: 7 – Z: 1 – E: 3;   H: 6 – E: 2;   H: 2 – Z: 8 – E: 5;   H: 3 – Z: 7 – E: 4

4. z.B.:

H	Z	E	Zahl
3		1	301
3	1		310
2	1	1	211
4			400

H	Z	E	Zahl
2	2		220
2		2	202
1	3		130
1	2	1	121

5 1. a) anzukreuzen: Reicht Lauras Geld für 3 belegte Brötchen?   Wie teuer sind ein belegtes Brötchen und eine Milch?
Wie teuer sind 4 Äpfel?

b) z.B.: Wie teuer sind 2 belegte Brötchen?   Wie viel Geld bekommt Laura zurück?
Wie teuer sind 2 Wasser und eine Milch?

2. Peter muss 1,20 € bezahlen.

3 Wie viel Euro muss die Lehrerin für 10 Kakao bezahlen? Sie muss 6 € bezahlen.

6 1. Inge hat 50 €. Sie kauft eine Kette für 20 €.
Eine Kinokarte kostet 5 €. In der Klasse sind 9 Kinder.
Suada kauft einen Ball für 12 € und ein Netz für 7 €.
Die Moorschule kauft 5 Stühle. Ein Stuhl kostet 60 €.
Herr Kuper zahlt für 6 Tassen insgesamt 18 €.
Das Buch hat 130 Seiten. Peter hat schon 60 Seiten gelesen.
Auf dem Parkplatz stehen 60 Autos. Die Hälfte davon sind viertürig.
Anton hat schon 38 € gespart. Nun bekommt er 5 € dazu.
Die Schüler fahren zuerst 35 km. Später fahren sie weitere 23 km.

| – |
| · |
| + |
| · |
| : |
| – |
| : |
| + |
| + |

2. 5 · 4:   Herr Berger geht 5-mal in den Keller. Er holt jedes Mal 4 Blumenkästen.
5 + 4:   Frau Westdorf hat 5 Goldfische in ihrem Aquarium. Ihr Mann schenkt ihr 4 weitere Fische.
20 : 4:   Ute hat 20 Klebebilder gesammelt. Immer 4 Bilder klebt sie auf eine Seite ihres Sammelheftes.
20 – 4:   Achim kauft ein Leseheft für 4 €. Er bezahlt mit einem 20-Euro-Schein.

3. Orhan kauft 3 Sticker.   Wie teuer sind drei Sticker?   3 · 25
Herr Mann bezahlt einen Sticker mit einer 50-Cent-Münze.   Wie viel Geld bekommt er zurück?   50 – 25
Ruth und Ayse bekommen 50 Sticker geschenkt und teilen diese.   Wie viele Sticker erhält jedes Kind?   50 : 2
Petra hat schon 25 Sticker. Nun bekommt sie 3 dazu.   Wie viele Sticker sind das insgesamt?   25 + 3

7 1. a) Ein Schreibheft kostet 40 Cent. Lana kauft 3 Schreibhefte.
b) Mike kauft ein Buch für 9 €. Er bezahlt mit einem 10-€-Schein.

2. z.B.: Maya kauft Milch für 50 Cent und Kakao für 60 Cent.
F: Wie viel Cent bezahlt Maya insgesamt?   R: 50 + 60 = 110   A: Maya bezahlt insgesamt 110 Cent.

3. a) z.B.: Ein Heft kostet 40 Cent. Tobias kauft 3 Hefte.
F: Wie viel Cent bezahlt Tobias für 3 Hefte?   R: 3 · 40 = 120   A: Tobias bezahlt 120 Cent für 3 Hefte.

b) z.B.: Dennis hat 50 Cent. 20 Cent schenkt er seinem Bruder.
F: Wie viel Cent hat Dennis dann noch?   R: 50 – 20 = 30   A: Dennis hat dann noch 30 Cent.

8 1. Am Freitag fahren 12 Schülerinnen und Schüler in den Zoo.
Eine Eintrittskarte kostet 6,50 €. Die Gruppenkarte für 5 Personen kostet 30 €.
Für Personen die kleiner als 1,20 m sind, ist der Eintritt frei.

2. a) Die Schüler müssen insgesamt 73 € bezahlen.
b) F: Wie viel Euro muss Ifra bezahlen?   A: Ifra muss 2 € bezahlen.

3. Wie lang ist die Kochzeit von 4 Eiern?   Wie alt ist der Elefant?

9 1. a) unterstreichen: 30 € und 100-€-Schein.   A: Herr Rosen bekommt 70 € zurück.
b) unterstreichen: 150 € und 90 €   A: Jana behält 60 € übrig.
c) unterstreichen: 15 € und 25 €.   F: Wie teuer ist die Ausrüstung?   A: Kevin bezahlt 40 €.
d) unterstreichen: 40 Cent und 5 Hefte.   F: Wie teuer sind 5 Hefte?   A: 5 Hefte kosten 2 €.

10 1. Skizze links ankreuzen
2. a) Die Seeschule muss 18 € bezahlen.
   b) z.B.: Die Waldschule hat 4 Hockeyschläger gekauft.
      Die Schule kann 2 Tennisschläger und einen Hockeyschläger gekauft haben.
3. z.B.: Die Turmschule kauft 2 Hockeyschläger und zwei Skateboards.
   F: Wie teuer sind die Sportgeräte?   A: Die Turmschule muss 70 € bezahlen.

11 1. Frau Wübben muss 3,60 € bezahlen.   2. a) 3 Birnen: 1,50 €   b) 11 Bananen: 6,60 €   c) 20 Äpfel: 8 €
3. a) 106 Jungen   b) 51 Kinder   c) 60 Mädchen   4. a) 39 Kinder   b) 50 Mädchen

12 1. Fidan (1,57 m) < Antonia (1 m 58 cm) < Pascal (160 cm) < Emre (1,61 m)
2. Emre ist 4 cm größer als Fidan.   Fidan ist 3 cm kleiner als Pascal.
3.

	1 m 3 cm	0 m 98 cm		1 cm 9 mm	1 cm 5 mm
112 cm		98 cm	14 mm		15 mm
1,12 m	1,03 m		1,4 cm	1,9 cm	

4. Ameise: 15 mm; Igel: 25 cm; Schlange: 150 cm; Hirsch: 2,20 m; Fuchs: 700 mm
5. Manche Ameisen sind größer als 10 mm. Es gibt Schlangen, die mehr als 300 cm lang werden. Ein ausgewachsener Igel kann doppelt so groß sein wie ein junger Igel.

13 1. Die rechte Skizze passt (Bernd: 1,69 m; Sascha: 1,65 m; Igor: 1,74 m)
2. Sabine 1,65 m;   Jennifer 1,75 m;   Karola 1,70 m
3. Die rechte Skizze passt. Sabines Schulweg ist 550 m lang.

14 1. Sinan war der Schnellste, Zweitschnellster war Rene, dann Timo.
2. Alle Läufer haben mehr als eine Minute gebraucht.   Rene war 3 Sekunden langsamer als Sinan.
   Rene war 3 Sekunden schneller als Timo.
3.

	1 min 15 s		1 min 10 s		1 min 13 s	
75 s	68 s		65 min		100 min	

4. a) 45 min   b) 15 min   c) 300 s   d) 5 h
5. Eine große Pause dauert länger als 600 Sekunden (= 10 min). Die Hausaufgaben können nach 30 Minuten erledigt sein. Eine Schulstunde dauert länger als 1 000 Sekunden (= 16 min 40 s)

15 1.

	Vanessa	Gaby	Thomas
Abfahrt	7.10 Uhr	7.15 Uhr	7.12 Uhr
Fahrzeit	36 min	35 min	39 min
Ankunft	7.46 Uhr	7.50 Uhr	7.51 Uhr

Gaby hat die kürzeste Fahrzeit

2.

	Kai	Sophie	Hamit
Abfahrt	13.25 Uhr	13.45 Uhr	13.30 Uhr
Fahrzeit	35 min	25 min	32 min
Ankunft	14.00 Uhr	14.10 Uhr	14.02 Uhr

Kai hat die längste Fahrzeit

3.

	Abfahrt	Fahrzeit	Ankunft	Abfahrt	Fahrzeit	Ankunft	Gesamte Fahrzeit
Freriks	6.50 Uhr	10 min	7.00 Uhr	7.23 Uhr	41 min	9.04 Uhr	51 min
Düttmann	7.35 Uhr	25 min	8.00 Uhr	8.04 Uhr	1 h 31 min	9.35 Uhr	1 h 56 min

16 1.

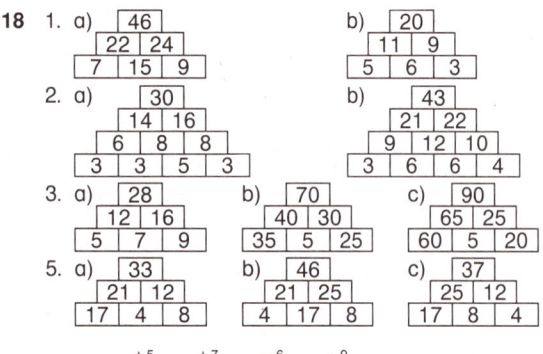

2. 4 Gorillas sind leichter als eine Giraffe.
   Ein Nashorn wiegt mehr als 3 Zebras.
3.

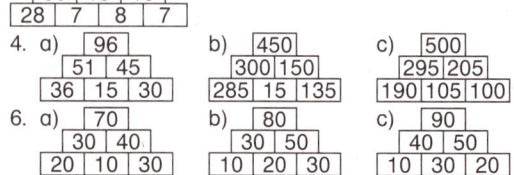

	7 kg 200 g	0 kg 456 g
1350 g		456 g
1,350 kg	7,200 kg	

	7 t	2 t 555 kg
2205 kg		2555 kg
2,205 t	7,000 t	

4. Wal: 40 t; Maus: 55 g; Giraffe: 0,8 t; Elefant: 5,5 t; Ameise: 1 g

17 1. Wie lange kann ein Löwe pro Tag schlafen? Wie alt werden Löwen im Zoo? Wie schwer wird ein ausgewachsenes Löwenweibchen in der Wildnis? Wie viel Kilogramm Fleisch verbraucht ein Löwenmännchen täglich?
2. a) .... 8 m ...   b) .... 50 kg ...   c) ... 4 kg ...   3. Täglich werden 20 kg Fleisch verfüttert.
4. z.B.: F: Wie teuer ist das Fleisch für eine Woche?   A: Das Fleisch für eine Woche kostet 476 €.

18 1. a)

46		
22	24	
7	15	9

b)

20		
11	9	
5	6	3

c)

35		
15	20	
3	12	8

d)

50		
10	40	
2	8	32

2. a)

30		
14	16	
6	8	8
3	3	5

(letzte Zeile: 3 3 5 3)

b)

43		
21	22	
9	12	10
3	6	6	4

c)

80		
50	30	
35	15	15
28	7	8	7

3. a)

28		
12	16	
5	7	9

b)

70		
40	30	
35	5	25

c)

90		
65	25	
60	5	20

4. a)

96		
51	45	
36	15	30

b)

450		
300	150	
285	15	135

c)

500		
295	205	
190	105	100

5. a)

33		
21	12	
17	4	8

b)

46		
21	25	
4	17	8

c)

37		
25	12	
17	8	4

6. a)

70		
30	40	
20	10	30

b)

80		
30	50	
10	20	30

c)

90		
40	50	
10	30	20

23 1. a) $18 \xrightarrow{+5} 23 \xrightarrow{+7} 30 \xrightarrow{-6} 24 \xrightarrow{-9} 15$ b) $43 \xrightarrow{+9} 52 \xrightarrow{-8} 44 \xrightarrow{-10} 34 \xrightarrow{+11} 45$
2. a)

9	4	5
2	6	10
7	8	3

b)

11	6	13
12	10	8
7	14	9

c)

60	10	80
70	50	30
20	90	40

d)

30	5	40
35	25	15
10	45	20

3. a) Ergebnis: 410;   350 + 60; 360 + 50; 370 + 40   b) Ergebnis: 90;   150 − 60; 160 − 70; 170 − 80
   c) Ergebnis: 920;   850 + 70; 860 + 60; ... 890 + 30; 900 + 20

23 4. a) 66 + 6 = 56 + 16; 24 − 8 = 25 − 9; 51 − 4 = 50 − 3; 89 + 3 = 90 + 2
b) 130 + 60 = 140 + 50 ; 380 + 40 = 510 − 90; 360 + 90 = 530 − 80; 150 − 80 = 160 − 90
5. a) 310 − 320 − 330 − 340 − 350 − 360 − 370 − 380   b) 580 − 578 − 576 − 574 − 572 − 570 − 568 − 566

24 1.

·	3	5	7
40	120	200	280
70	210	350	490
30	90	150	210

·	6	9	8
30	180	270	240
40	240	360	320
60	360	540	480

2. a) $8 \xrightarrow{\cdot 2} 16 \xrightarrow{:4} 4 \xrightarrow{:2} 2 \xrightarrow{\cdot 10}$
b) $100 \xrightarrow{:10} 10 \xrightarrow{\cdot 3} 30 \xrightarrow{:5} 6 \xrightarrow{\cdot 7} 42$

3. a) 2 · 6 = 3 · 4; 3 · 8 = 4 · 6; 9 · 2 = 6 · 3; 2 · 10 = 4 · 5
b) 8 · 3 = 6 · 4; 6 · 2 = 4 · 3; 3 · 6 = 2 · 9; 6 · 6 = 9 · 4
c) 120 : 3 = 320 : 8; 280 : 4 = 420 : 6; 480 : 8 = 300 : 5; 120 : 4 = 240 : 8
4. 2 · 6 = 3 · 4 = 6 · 2 = 4 · 3; 3 · 8 = 4 · 6 = 8 · 3 = 6 · 4; 9 · 2 = 6 · 3 = 3 · 6 = 2 · 9; 4 · 9 = 6 · 6 = 3 · 12 = 6 · 6
5. a) 12 − 15 − 18 − 21 − 24 − 27 − 30   b) 4 − 8 − 12 − 16 − 20 − 24 − 28 − 32 − 36 − 40
c) 9 − 18 − 27 − 36 − 45 − 54 − 63 − 72 − 81 − 90   d) 8 − 16 − 24 − 32 − 40 − 48 − 56 − 64 − 72 − 80

25 1. a) 25 + 8 = 35 −2; 44 − 4 = 36 + 4; 17 + 4 = 24 − 3; 31 − 7 = 11 + 13
b) 6 · 4 = 3 · 8; 45 : 5 = 3 · 3; 36 : 9 = 24 : 6; 3 · 6 = 9 · 2
c) 24 : 3 = 72 : 9; 50 − 18 = 8 · 4; 23 + 12 = 7 · 5; 8 · 9 = 100 − 28
2. a) 6, 6 ; 9   b) 8; 9; 6   c) 18; 17; 9   d) 3; 5; 29
3. Das Doppelte von 10 = 4 · 5 = 40 : 2;   5 · 8 = Die Hälfte von 80 = Das Doppelte von 20
6 · 5 = 240 : 8 = 180 : 6;   72 − 36 = 6 · 6 = Das Dreifache von 12
4. a) $5 \xrightarrow{\cdot 8} 40 \xrightarrow{+8} 48 \xrightarrow{:8} 6 \xrightarrow{\cdot 10} 60$ b) $72 \xrightarrow{:8} 9 \xrightarrow{+6} 15 \xrightarrow{+10} 25 \xrightarrow{:5} 5$
5. a) 20 − 40 − 25 − 45 − 30 − 50   b) 42 − 27 − 47 − 32 − 52 − 37 − 57

26 1. a) 100 g   b) 150 g   c) 9 g   2. a) 5 g   b) 20 g   c) 10 g
3. a) 20 g   b) 20 g   c) 20 g   4. a) 20 g   b) 5 g   c) 15 g
5. a) 30 g; 15 g   b) 20 g; 30 g   c) 50 g; 75 g

27 1. a) 90   b) 5   c) 20   2. a) 10   b) 50   c) 70   d) 7   3. a) 33   b) 222
4. a)

2	1	4	3
3	4	2	1
1	2	3	4
4	3	1	2

b)

3	2	4	1
1	4	2	3
4	1	3	2
2	3	1	4

c)

2	4	1	3
3	1	2	4
1	3	4	2
4	2	3	1

d)

4	3	2	1
2	1	3	4
3	4	1	2
1	2	4	3

28 1. a) 60 + 20 = 80   b) 50 + 30 = 80   c) 57 + 23 = 80; 53 + 27 = 80
2. a) 300 + 200 = 500   b) 350 + 150 = 500   c) 380 + 120 = 500
3. a) 1 200 + 700 = 2 000 − 100; 4 600 − 600 = 3 100 + 900; 6 900 + 300 = 7 500 − 300; 8 000 + 700 = 7 500 − 300
b) 1 250 + 600 = 2 000 − 150; 3 850 − 1 100 = 3 000 − 250; 4 800 − 2 900 = 2 400 − 500; 5 300 − 3 500 = 2 500 − 700
4. a) 5 152 + 1 303 = 6 455   b) 2 917 + 2 408 = 5 325   c) 7 542 − 1 340 = 6 202   d) 5 807 − 2 725 = 3 082
e) 3 102 + 1 489 + 2 796 = 7 387   f) 2 143 + 5 177 + 1 345 = 8 665
g) 1 354 + 2 543 + 4 279 = 8 176   h) 5 198 + 2 461 + 1 007 = 8 666

29 1. a)

10 000	
8 000	2 000

| 7 500 | 500 | 1 500 |

b)

10 000	
5 000	5 000

| 4 700 | 300 | 4 700 |

c)

10 000	
3 500	6 500

| 2 900 | 600 | 5 900 |

2. a) Ergebnis: 2 300; 2 900 − 600; 3 000-700   b) Ergebnis: 5 500; 5 000 + 500; 5 100 + 400; 5 200 + 300
c) Ergebnis: 6 400; 6 600 − 200; 6 700 − 300; …; 7 000 − 600
3. a) $4 200 \xrightarrow{+ 800} 5 000 \xrightarrow{\cdot 2} 10 000 \xrightarrow{- 6 000} 4 000 \xrightarrow{: 2} 2 000$
b) $3 500 \xrightarrow{+ 500} 4 000 \xrightarrow{\cdot 2} 8 000 \xrightarrow{- 5 000} 3 000 \xrightarrow{: 3} 1 000$
c) $1 600 \xrightarrow{+ 700} 2 300 \xrightarrow{\cdot 3} 6 900 \xrightarrow{- 500} 6 400 \xrightarrow{: 2} 3 200$
d) $1 200 \xrightarrow{+ 900} 2 100 \xrightarrow{\cdot 4} 8 400 \xrightarrow{- 900} 7 500 \xrightarrow{: 5} 1 500$
4. a) 3 · 600 = 2 400 − 600; 2 400 + 1 800 = 7 · 600; 4 · 800 = 6 400 : 2; 500 · 8 = 8 000 : 2
b) 1 600 : 4 = 8 000 : 20; 1 000 − 960 = 320 : 8; 1 200 : 600 = 1 000 − 998; 770 : 70 = 4 444 − 4 433
5. a) 2 100   b) 6 200   c) 30

30 1. a) Max ist 11 Jahre alt.   b) Ayse ist 9 Jahre alt.   c) Lea ist 12 Jahre alt.
2. Leon ist 8 jahre alt; Katja ist 16 Jahre alt.   3. Herr Müller fährt 30 000 km. Herr Beck fährt 10 000 km.
4. Es sind 5 Hühner auf der Wiese   5. Es sind 16 Kaninchen und 4 Hühner.

31 1. Von links nach rechts: Waldi (rote Leine) − Karo (blaue Leine) − Flocke (grüne Leine)
2. von links nach rechts: Susi (rot; Susi) − Pauli (Gelb; Ruhe) − Lori (grün; Hallo)
3.

	Haus 1	Haus 2	Haus 3
Name	Andy	Lea	Tim
Farbe	grün	gelb	rot

32 1.   2.

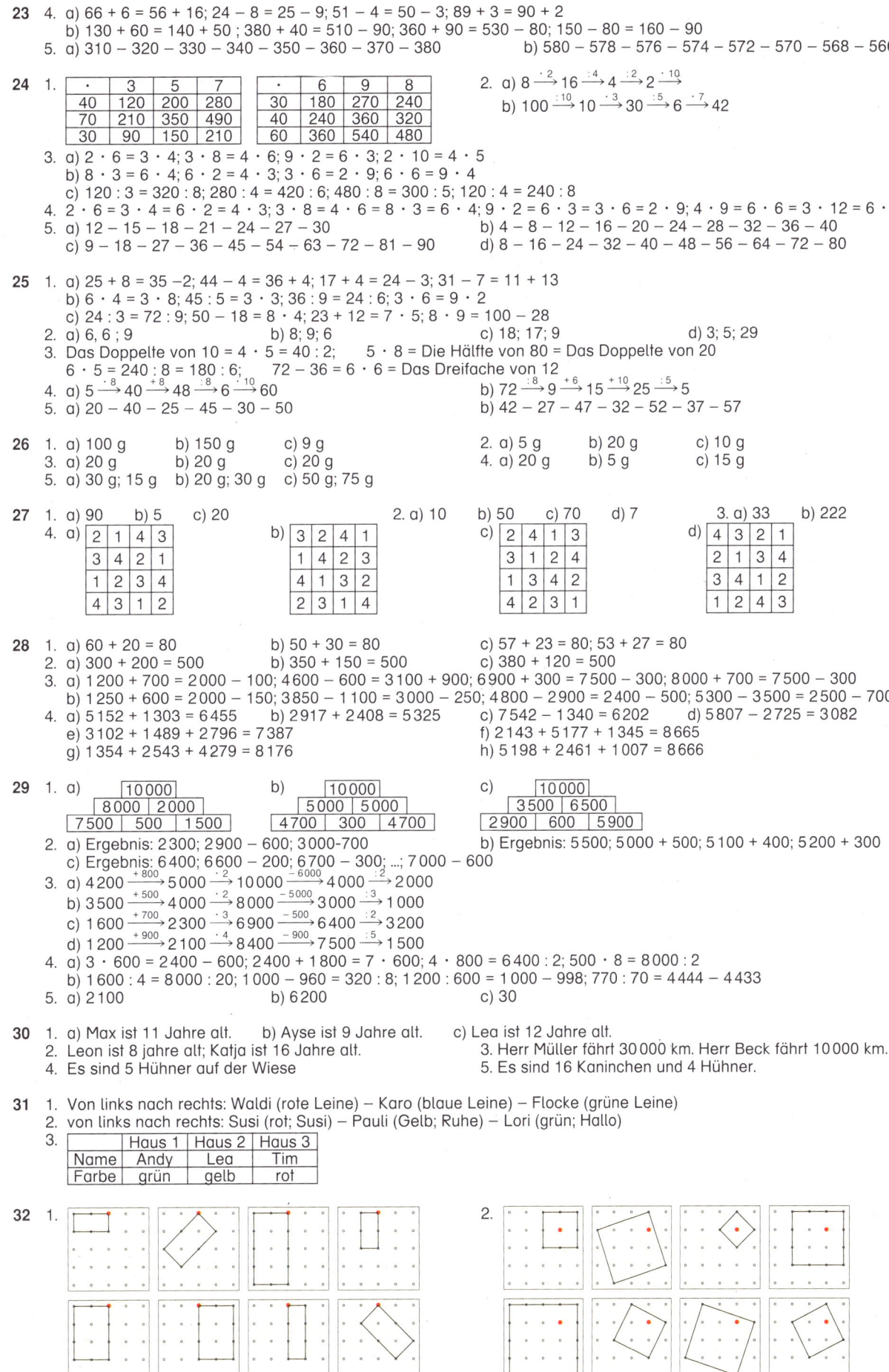

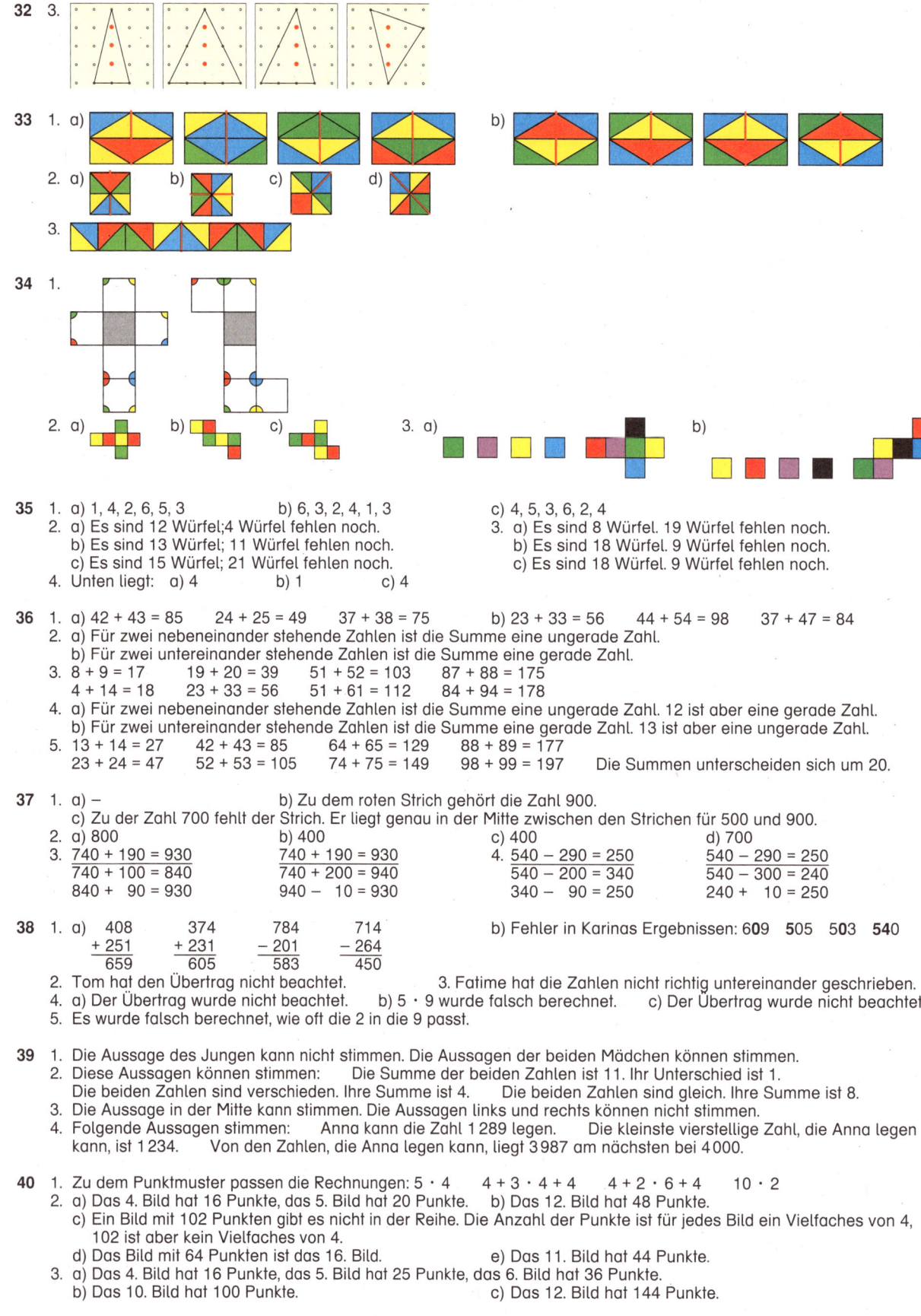

35 1. a) 1, 4, 2, 6, 5, 3   b) 6, 3, 2, 4, 1, 3   c) 4, 5, 3, 6, 2, 4
    2. a) Es sind 12 Würfel; 4 Würfel fehlen noch.   3. a) Es sind 8 Würfel. 19 Würfel fehlen noch.
       b) Es sind 13 Würfel; 11 Würfel fehlen noch.   b) Es sind 18 Würfel. 9 Würfel fehlen noch.
       c) Es sind 15 Würfel; 21 Würfel fehlen noch.   c) Es sind 18 Würfel. 9 Würfel fehlen noch.
    4. Unten liegt: a) 4   b) 1   c) 4

36 1. a) 42 + 43 = 85   24 + 25 = 49   37 + 38 = 75   b) 23 + 33 = 56   44 + 54 = 98   37 + 47 = 84
    2. a) Für zwei nebeneinander stehende Zahlen ist die Summe eine ungerade Zahl.
       b) Für zwei untereinander stehende Zahlen ist die Summe eine gerade Zahl.
    3. 8 + 9 = 17   19 + 20 = 39   51 + 52 = 103   87 + 88 = 175
       4 + 14 = 18   23 + 33 = 56   51 + 61 = 112   84 + 94 = 178
    4. a) Für zwei nebeneinander stehende Zahlen ist die Summe eine ungerade Zahl. 12 ist aber eine gerade Zahl.
       b) Für zwei untereinander stehende Zahlen ist die Summe eine gerade Zahl. 13 ist aber eine ungerade Zahl.
    5. 13 + 14 = 27   42 + 43 = 85   64 + 65 = 129   88 + 89 = 177
       23 + 24 = 47   52 + 53 = 105   74 + 75 = 149   98 + 99 = 197   Die Summen unterscheiden sich um 20.

37 1. a) –   b) Zu dem roten Strich gehört die Zahl 900.
       c) Zu der Zahl 700 fehlt der Strich. Er liegt genau in der Mitte zwischen den Strichen für 500 und 900.
    2. a) 800   b) 400   c) 400   d) 700
    3. $\underline{740 + 190 = 930}$ $\underline{740 + 190 = 930}$ 4. $\underline{540 - 290 = 250}$ $\underline{540 - 290 = 250}$
       $\underline{740 + 100 = 840}$ $\underline{740 + 200 = 940}$ $\underline{540 - 200 = 340}$ $\underline{540 - 300 = 240}$
       840 + 90 = 930   940 − 10 = 930   340 − 90 = 250   240 + 10 = 250

38 1. a)   408   374   784   714   b) Fehler in Karinas Ergebnissen: **6**0**9** **5**05 **5**03 **54**0
      <u>+ 251</u>   <u>+ 231</u>   <u>− 201</u>   <u>− 264</u>
        659   605   583   450
    2. Tom hat den Übertrag nicht beachtet.   3. Fatime hat die Zahlen nicht richtig untereinander geschrieben.
    4. a) Der Übertrag wurde nicht beachtet.   b) 5 · 9 wurde falsch berechnet.   c) Der Übertrag wurde nicht beachtet.
    5. Es wurde falsch berechnet, wie oft die 2 in die 9 passt.

39 1. Die Aussage des Jungen kann nicht stimmen. Die Aussagen der beiden Mädchen können stimmen.
    2. Diese Aussagen können stimmen: Die Summe der beiden Zahlen ist 11. Ihr Unterschied ist 1.
       Die beiden Zahlen sind verschieden. Ihre Summe ist 4.   Die beiden Zahlen sind gleich. Ihre Summe ist 8.
    3. Die Aussage in der Mitte kann stimmen. Die Aussagen links und rechts können nicht stimmen.
    4. Folgende Aussagen stimmen: Anna kann die Zahl 1 289 legen.   Die kleinste vierstellige Zahl, die Anna legen
       kann, ist 1 234.   Von den Zahlen, die Anna legen kann, liegt 3 987 am nächsten bei 4 000.

40 1. Zu dem Punktmuster passen die Rechnungen: 5 · 4   4 + 3 · 4 + 4   4 + 2 · 6 + 4   10 · 2
    2. a) Das 4. Bild hat 16 Punkte, das 5. Bild hat 20 Punkte.   b) Das 12. Bild hat 48 Punkte.
       c) Ein Bild mit 102 Punkten gibt es nicht in der Reihe. Die Anzahl der Punkte ist für jedes Bild ein Vielfaches von 4,
          102 ist aber kein Vielfaches von 4.
       d) Das Bild mit 64 Punkten ist das 16. Bild.   e) Das 11. Bild hat 44 Punkte.
    3. a) Das 4. Bild hat 16 Punkte, das 5. Bild hat 25 Punkte, das 6. Bild hat 36 Punkte.
       b) Das 10. Bild hat 100 Punkte.   c) Das 12. Bild hat 144 Punkte.

1 Hier wird immer *plus* oder *minus* gerechnet. Trage ein.

a) [18] —+5→ [ ] —+→ [30] —−6→ [ ] → [15]

b) [43] → [52] —−8→ [ ] → [34] —+11→ [ ]

2 Von links nach rechts, von oben nach unten und auch schräg gibt es die selbe Summe.

a) Summe 18

9		5
	6	
	8	

b) Summe 30

11		
		10
	14	

c) Summe 150

	10	80
	90	

d) Summe 75

		40
	25	
	45	

3 Rechne aus. Wie heißen die anderen Aufgaben im Päckchen?

a) 320 + 90 = _____

330 + 80 = _____

340 + 70 = _____

350 + __ = _____

_____ = _____

_____ = _____

b) 120 − 30 = _____

130 − 40 = _____

140 − 50 = _____

_____ = _____

_____ = _____

_____ = _____

c) _____ = _____

_____ = _____

870 + 50 = _____

880 + 40 = _____

_____ = _____

_____ = _____

4 Verbinde mit der Aufgabe, die das gleiche Ergebnis hat.

a)

66 + 6	90 + 2
24 − 8	50 − 3
51 − 4	56 + 16
89 + 3	25 − 9

b)

130 + 60	530 − 80
380 + 40	160 − 90
360 + 90	140 + 50
150 − 80	510 − 90

5 Setze die Zahlenreihe fort.

a)

280	290	300			330				

b)

586	584	582				574			

1 Trage die fehlenden Zahlen ein.

a)

·		5	
40	120		
70			490
		150	

b)

·	6		
	180		
40		360	
60			480

2 Hier wird immer *mal* oder *geteilt* gerechnet. Trage ein.

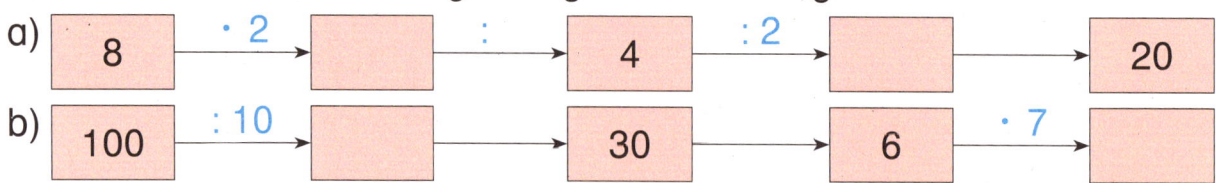

a) 8 → · 2 → ☐ → : → 4 → : 2 → ☐ → 20

b) 100 → : 10 → ☐ → 30 → 6 → · 7 → ☐

3 Verbinde mit der Aufgabe, die das gleiche Ergebnis hat.

a)
2 · 6	6 · 3
3 · 8	4 · 5
9 · 2	3 · 4
2 · 10	4 · 6

b)
8 · 3	4 · 3
6 · 2	9 · 4
3 · 6	6 · 4
6 · 6	2 · 9

c)
120 : 3	420 : 6
280 : 4	320 : 8
480 : 8	240 : 8
120 : 4	300 : 5

4 Immer vier Aufgaben haben das gleiche Ergebnis. Verbinde.

2 · 6	4 · 6	8 · 3	4 · 3
3 · 8	6 · 6	6 · 2	2 · 9
9 · 2	3 · 4	3 · 12	6 · 4
4 · 9	6 · 3	3 · 6	6 · 6

5 In der Einmaleins-Reihe fehlen Zahlen. Trage ein.

a)
3	6	9						

b)
		12	16					

c)
		27			54			

d)
				32		48		

1 Verbinde mit der Aufgabe, die das gleiche Ergebnis hat.

a)

25 + 8	36 + 4
44 − 4	11 + 13
17 + 4	35 − 2
31 − 7	24 − 3

b)

6 · 4	24 : 6
45 : 5	3 · 8
36 : 9	9 · 2
3 · 6	3 · 3

c)

24 : 3	7 · 5
50 − 18	72 : 9
23 + 12	8 · 4
8 · 9	100 − 28

2 Alle Aufgaben haben als Ergebnis die Zahl im roten Feld.
Trage die fehlenden Zahlen ein.

a)

| **18** |
| 24 − _____ |
| 12 + _____ |
| 2 · _____ |

b)

| **48** |
| 56 − _____ |
| 39 + _____ |
| 8 · _____ |

c)

| **63** |
| 81 − _____ |
| 46 + _____ |
| 7 · _____ |

d)

| **45** |
| 15 · _____ |
| 9 · _____ |
| 74 − _____ |

3 Färbe Karten mit dem gleichen Ergebnis mit der gleichen Farbe.
Immer drei Karten gehören zusammen.

Das Doppelte von 10	240 : 8	6 · 6	Das Doppelte von 20
5 · 8	Die Hälfte von 80	4 · 5	180 : 6
6 · 5	72 − 36	Das Dreifache von 12	40 : 2

4 *Plus* oder *minus*, *mal* oder *geteilt*. Trage ein.

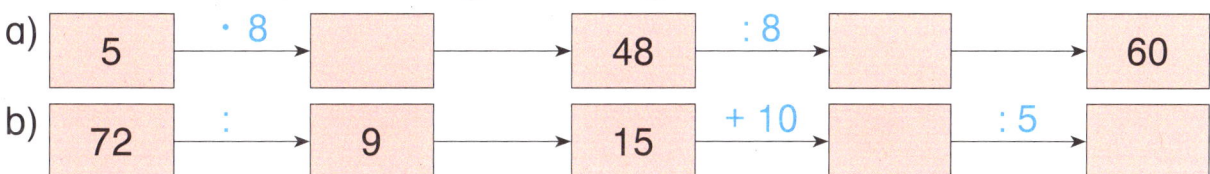

a) 5 → · 8 → ____ → 48 → : 8 → ____ → 60

b) 72 → : → 9 → ____ → 15 → + 10 → ____ → : 5 → ____

5 Immer abwechselnd + 20, dann − 15. Trage die Zahlen ein.

a)

| 10 | 30 | 15 | 35 | | | | |

b)

| 17 | 37 | 22 | | | | | |

1 Wie viel Gramm wiegt eine Frucht?

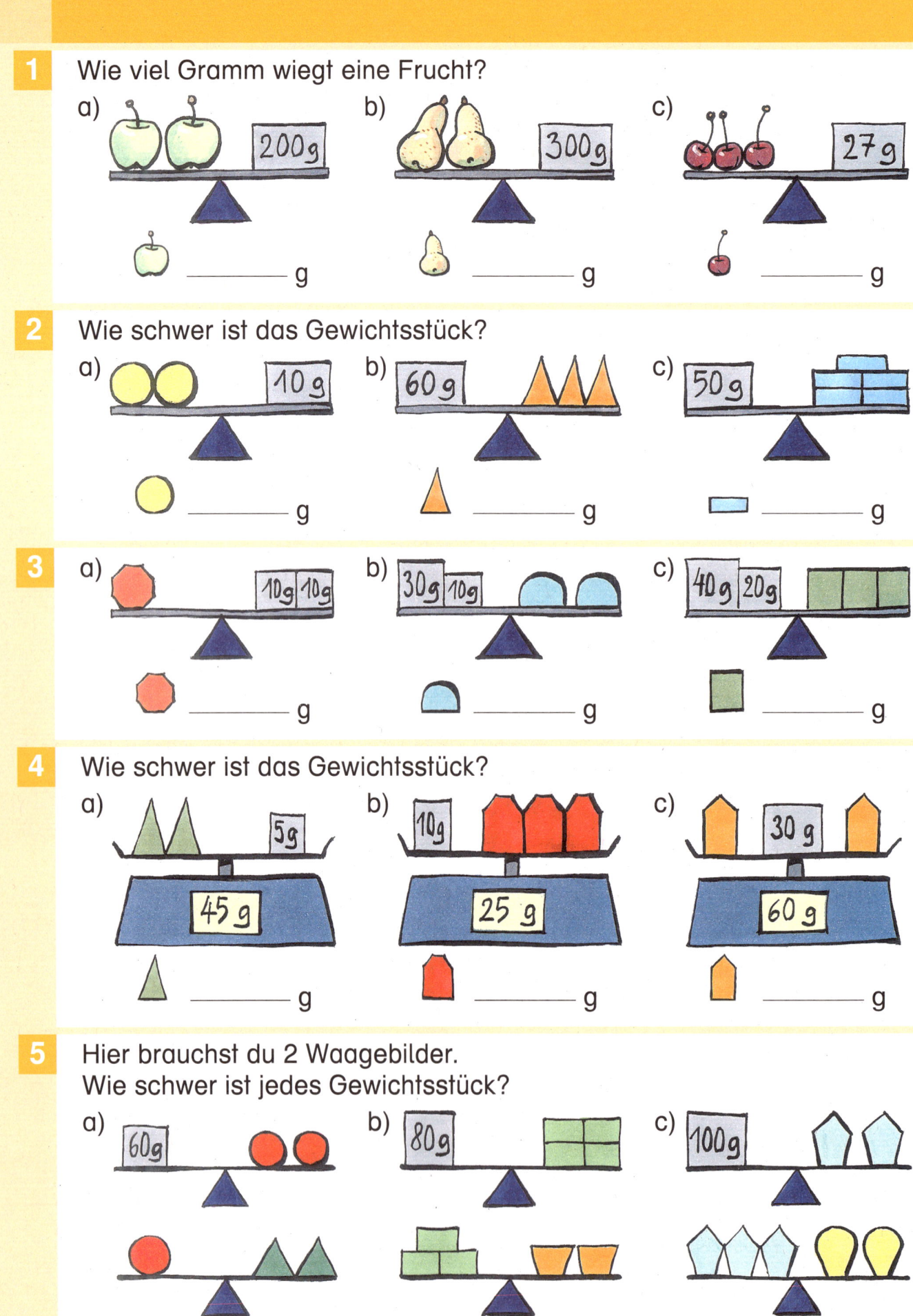

a) 200 g

_____ g

b) 300 g

_____ g

c) 27 g

_____ g

2 Wie schwer ist das Gewichtsstück?

a) 10 g

_____ g

b) 60 g

_____ g

c) 50 g

_____ g

3 a) 10g 10g

_____ g

b) 30g 10g

_____ g

c) 40g 20g

_____ g

4 Wie schwer ist das Gewichtsstück?

a) 5 g   45 g

_____ g

b) 10 g   25 g

_____ g

c) 30 g   60 g

_____ g

5 Hier brauchst du 2 Waagebilder.
Wie schwer ist jedes Gewichtsstück?

a) 60g

b) 80g

c) 100g

_____ g   _____ g   _____ g   _____ g   _____ g   _____ g

1 Wie heißt die gesuchte Zahl?

a)  Zu meiner Zahl addiere ich 10 und erhalte dann 100.

b)  Das Vierfache meiner Zahl ist 20.

c)  Ich halbiere meine Zahl und erhalte dann das Doppelte von 5.

_____   _____   _____

2 Wie heißt die gesuchte Zahl?

a) Wenn ich zu der Zahl 15 addiere, erhalte ich 25.   _____

b) Wenn ich die Zahl verdopple, erhalte ich 100.   _____

c) Wenn ich die Zahl halbiere, erhalte ich 35.   _____

d) Wenn ich zum Dreifachen der Zahl 9 addiere,
   erhalte ich 30.   _____

3 Wie heißt die gesuchte Zahl?

a) Die Zahl hat gleich viele Zehner und Einer.
   Sie liegt zwischen 30 und 40.   _____

b) Die Zahl hat gleich viele Hunderter, Zehner und Einer.
   Sie liegt zwischen 200 und 300.   _____

4 *Sudoku:* In jeder Zeile, in jeder Spalte und in jedem der farbigen
Quadrate muss jede der Zahlen 1, 2, 3, 4 vorkommen.

a)

	1		3
		2	
			4
	3	1	

b)

3			
		2	
	1		
2			4

c)

2		1	
	3		
4			1

d)

4		2	
3			
1			3

1 Bilde aus den Ziffern zweistellige Zahlen.
Die Summe deiner Zahlen soll 80 sein.

$\boxed{60 + 20 = 80}$

a)

b)

c)

_____   _____   _____

2 Bilde aus den Ziffern dreistellige Zahlen.
Die Summe deiner Zahlen soll 500 sein.

a)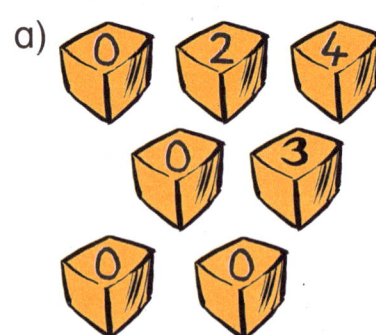

b)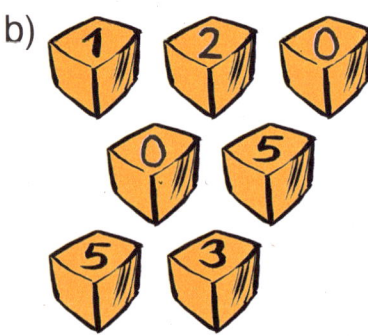

c)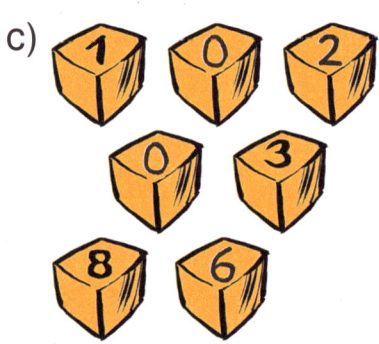

_____   _____   _____

3 Verbinde mit der Aufgabe, die das gleiche Ergebnis hat.

a)

1 200 + 700	3 100 + 900
4 600 − 600	9 000 − 300
6 900 + 300	2 000 − 100
8 000 + 700	7 500 − 300

b)

1 250 + 600	3 000 − 250
3 850 − 1 100	2 400 − 500
4 800 − 2 900	2 000 − 150
5 300 − 3 500	2 500 − 700

4 Ergänze die fehlenden Ziffern.

a)
```
  □ 1 5 2
+ 1 3 □ □
─────────
  6 □ 5 5
```

b)
```
  2 □ □ 7
+ □ 4 0 8
─────────
  5 3 2 □
```

c)
```
    7 5 4 □
  − □ □ 4 0
  ─────────
    6 2 □ 2
```

d)
```
    □ 8 0 7
  − 2 7 □ 5
  ─────────
    3 □ 8 □
```

e)
```
  □ 1 0 2
+ 1 4 □ 9
+ 2 7 9 6
─────────
  7 □ 8 □
```

f)
```
  2 □ 4 □
+ 5 1 7 7
+ □ 3 4 5
─────────
  8 6 □ 5
```

g)
```
  1 □ 5 4
+ 2 5 4 □
+ □ 2 7 9
─────────
  8 1 □ 6
```

h)
```
  5 □ 9 8
+ 2 4 6 1
+ 1 0 □ □
─────────
  □ 6 6 6
```

1 a)

b)

c)

2 Rechne aus. Wie heißen die anderen Aufgaben im Päckchen?

a) 2600 – 300 = _____

2700 – 400 = _____

2800 – 500 = _____

2900 – ___ = _____

_____ = _____

b) 4800 + 700 = _____

4900 + 600 = _____

5000 + ___ = _____

_____ = _____

c) _____ = _____

_____ = _____

6800 – 400 = _____

6900 – 500 = _____

_____ = _____

3 Plus oder minus, mal oder geteilt. Trage ein.

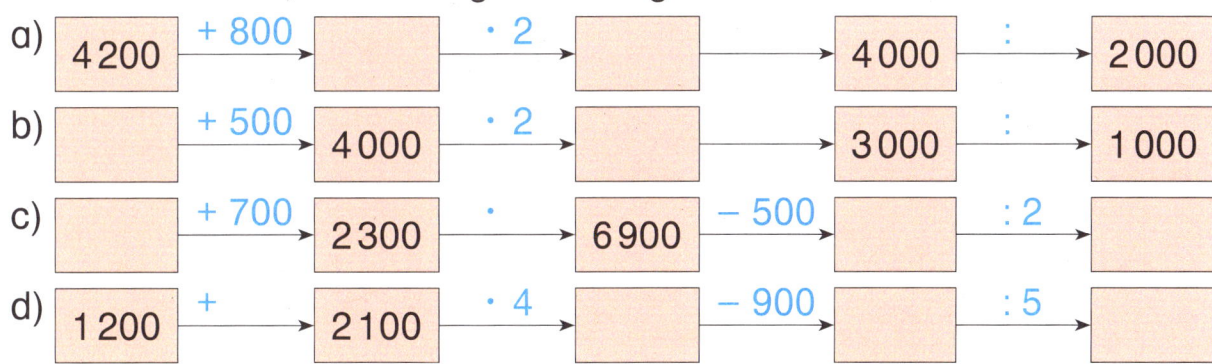

a) 4200 → +800 → [ ] → ·2 → [ ] → 4000 → : → 2000

b) [ ] → +500 → 4000 → ·2 → [ ] → 3000 → : → 1000

c) [ ] → +700 → 2300 → · → 6900 → –500 → [ ] → :2 → [ ]

d) 1200 → + → 2100 → ·4 → [ ] → –900 → [ ] → :5 → [ ]

4 Verbinde mit der Aufgabe, die das gleiche Ergebnis hat.

a)

3 · 600	8000 : 2
2400 + 1800	2400 – 600
4 · 800	7 · 600
500 · 8	6400 : 2

b)

1600 : 4	1000 – 998
1000 – 960	8000 : 20
1200 : 600	320 : 8
770 : 70	4444 – 4433

5 Wie heißt die gesuchte Zahl?

a)  Das Doppelte der Zahl ist 4200.

Lea

_____

b)  Die Hälfte der Zahl ist 3100.

Max

_____

c)  Das Dreifache der Zahl plus 5 ist 905.

Tina

_____

1

a)
Meine Mutter ist viermal so alt wie ich. Sie ist 44 Jahre alt.

b)
Ich bin halb so alt wie mein 18jähriger Bruder.

c)
Mein Vater ist 40 Jahre alt. Bei meiner Geburt war er 28 Jahre alt.

Max ist ＿ Jahre alt.   Ayse ist ＿ Jahre alt.   Lea ist ＿ Jahre alt.

2 Das Alter von Katja und Leon kannst du durch Probieren finden.

Ich bin doppelt so alt wie Leon. Zusammen sind wir 24 Jahre alt.

Leon	Katja	zusammen
5	10	15

Leon ist ＿ Jahre alt. Katja ist ＿ Jahre alt.

3 Mit seinem Auto fährt Herr Müller dreimal so viel Kilometer wie Herr Beck. Beide zusammen legen 40 000 km zurück.

Herr Müller fährt ＿＿＿＿＿＿ km.

Herr Beck fährt ＿＿＿＿＿＿ km.

Herr Müller	Herr Beck	zusammen

4 Auf einer Wiese sind 4 Kühe und einige Hühner. Zusammen haben sie 26 Beine. Wie viele Hühner sind auf der Wiese?
Es sind ＿ Hühner auf der Wiese.

5 In einem Gehege sind Hühner und Kaninchen. Insgesamt haben sie 20 Köpfe und 72 Füße. Wie viele Hühner und wie viele Kaninchen sind es?

Köpfe der Kaninchen	Köpfe der Hühner	Füße der Kaninchen	Füße der Hühner	Füße insgesamt
10	10	40	20	60

Es sind ＿ Kaninchen und ＿ Hühner.

1 Lies den Text sorgfältig.
Dann färbe die Hunde und ihre Leinen.
Trage die Namen ein.

_____   _____   _____

Der Hund mit der roten Leine steht ganz links.
Waldi ist weiß und steht nicht neben dem braunen Hund.
Flocke ist braun und hat eine grüne Leine.
Karo ist schwarz. Seine Leine ist blau.

2 Ergänze Farben und Namen der Papageien. Trage ein, was sie sprechen können.

Der linke Papagei ist rot.
Der rechte Papagei
heißt Lori.
Pauli sitzt neben Lori.
Susi spricht ihren
Namen.
Neben dem roten
Papagei sitzt der gelbe
Papagei.
Der grüne Papagei
sagt: „Hallo!"
Ein Papagei sagt: „Ruhe!"

_____   _____   _____

3 Trage zuerst in die Tabelle ein, dann färbe die Häuser.

Haus 3 ist rot.
Andy wohnt im grünen Haus.
und nicht neben Tim.
Lea wohnt im gelben Haus.

	Haus 1	Haus 2	Haus 3
Name			
Farbe			

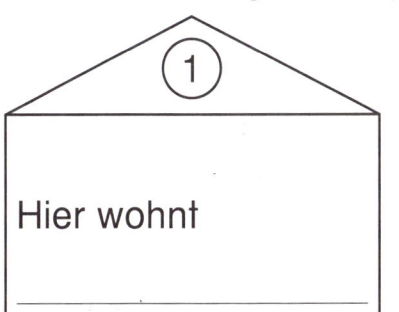

Hier wohnt
_____

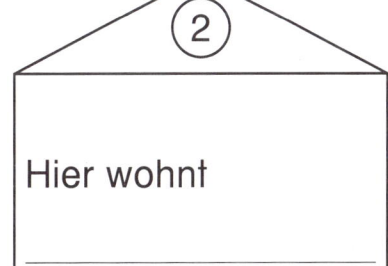

Hier wohnt
_____

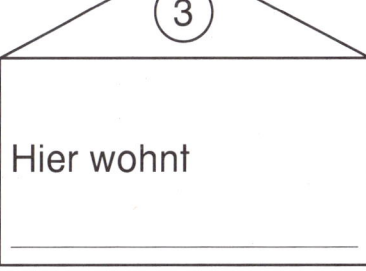

Hier wohnt
_____

1 Zeichne Rechtecke. Der rote Punkt soll immer eine der Ecken sein.
Zwei Beispiele siehst du hier.

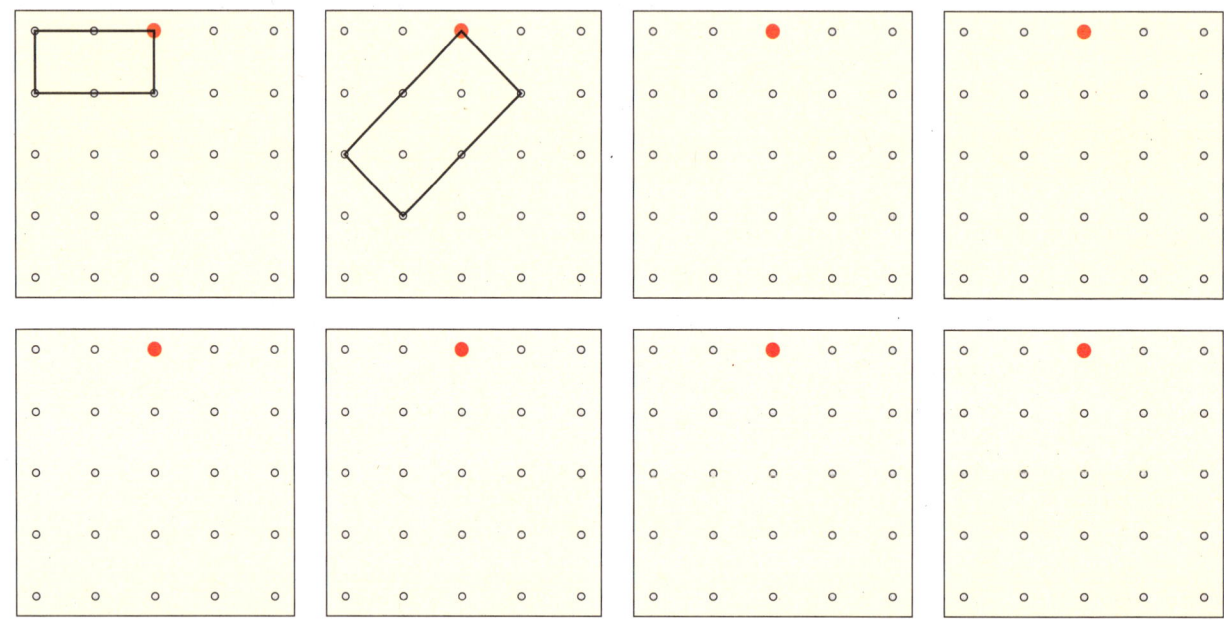

2 Zeichne Quadrate.
Der rote Punkt soll immer im Inneren liegen.
Zwei Beispiele siehst du hier.

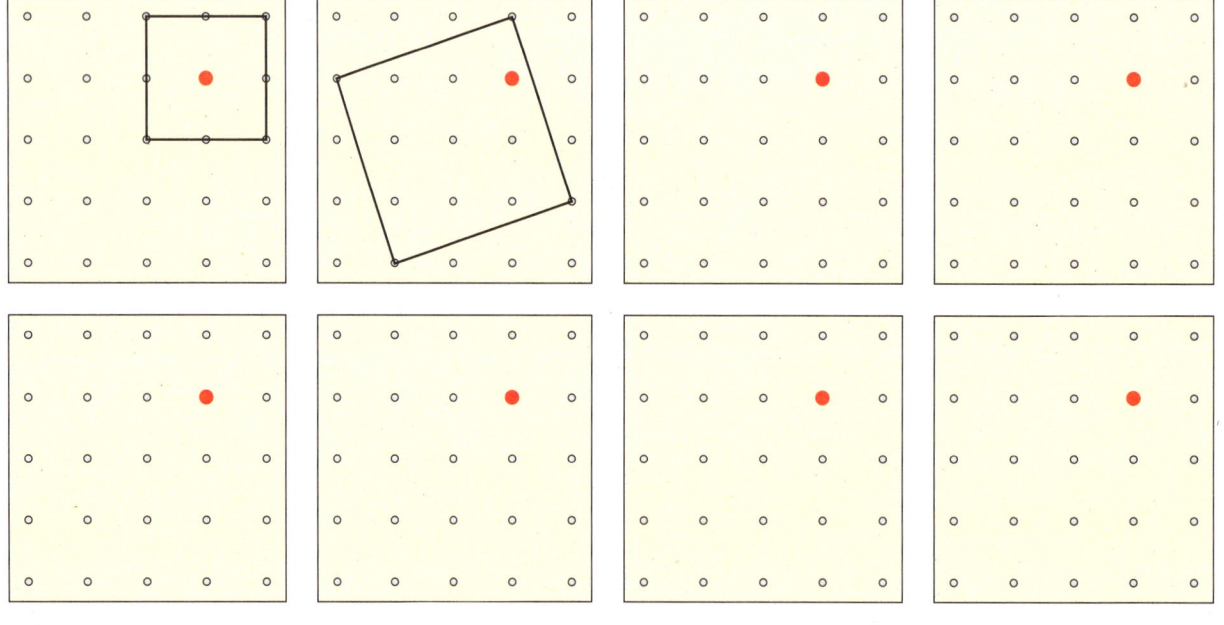

3 Zeichne Dreiecke. Die roten Punkte sollen immer im Inneren liegen.

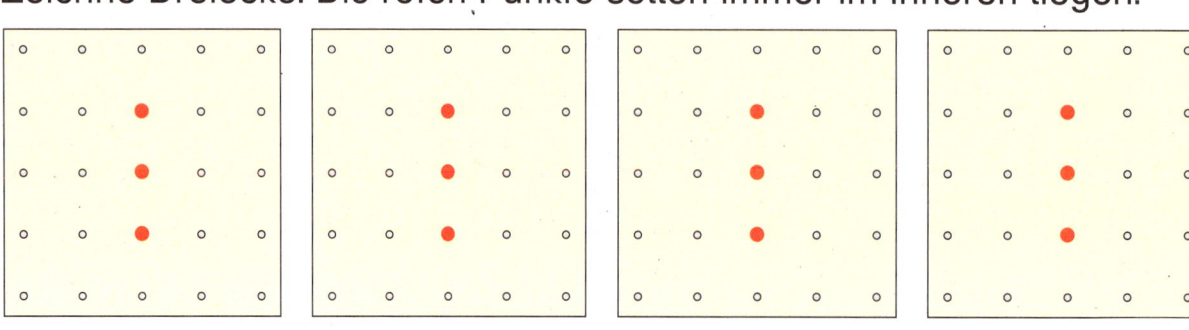

1 Verbinde Bild und Spiegelbild. Die rote Linie ist die Spiegelachse.

a)

b)

2 Ergänze das Spiegelbild. Die rote Linie ist die Spiegelachse.

a)   b)    c) 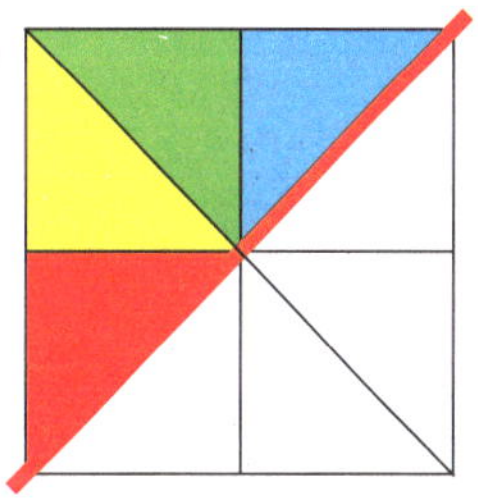   d)

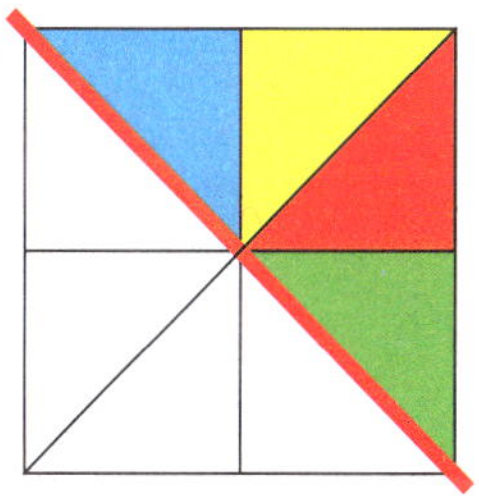

3 Ergänze zu einer symmetrischen Figur.
Die rote Linie ist die Spiegelachse.

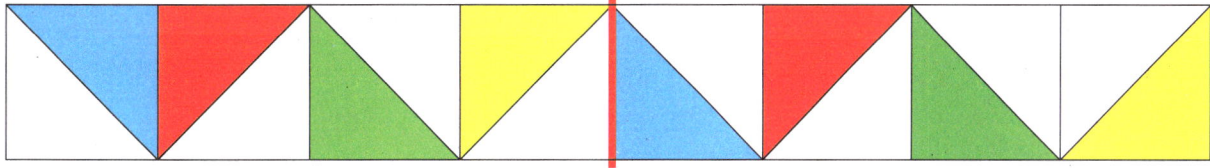

1 Übertrage die Farben an den Ecken des Würfels in die Netze.

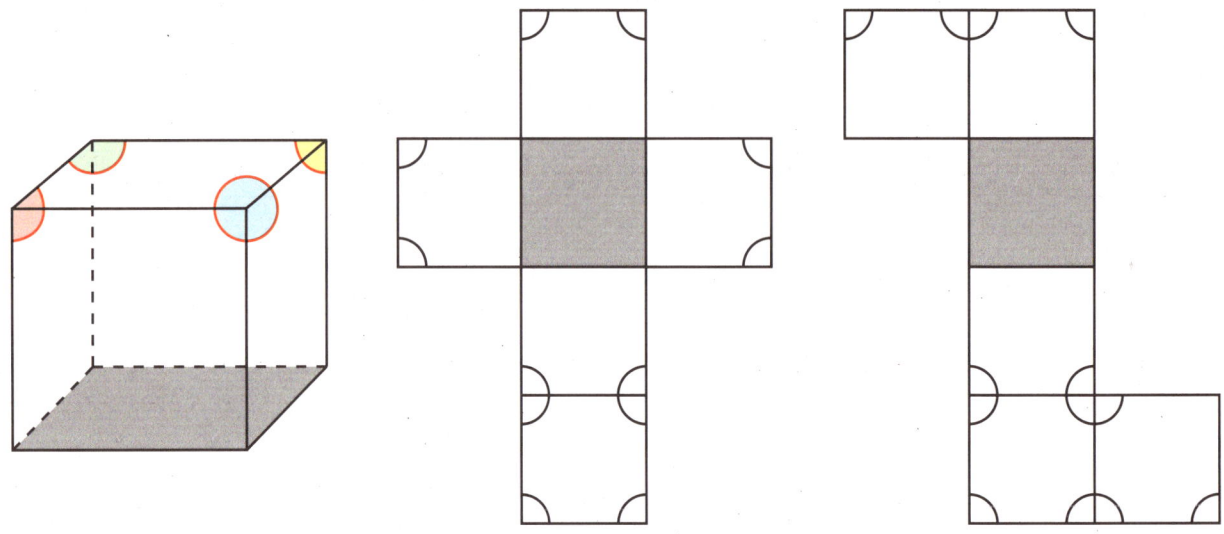

2 Färbe die Flächen im Netz so, dass gegenüberliegende Flächen des Würfels die gleiche Farbe haben.

a)   b)   c)

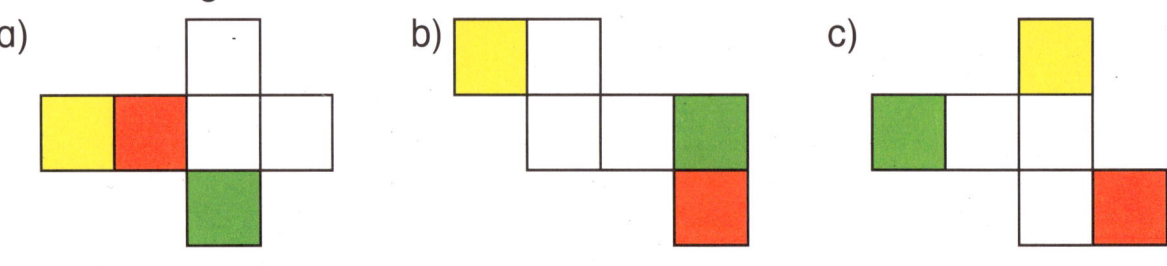

3 Viermal derselbe Würfel.
Übertrage die Farben in das Netz.

a)

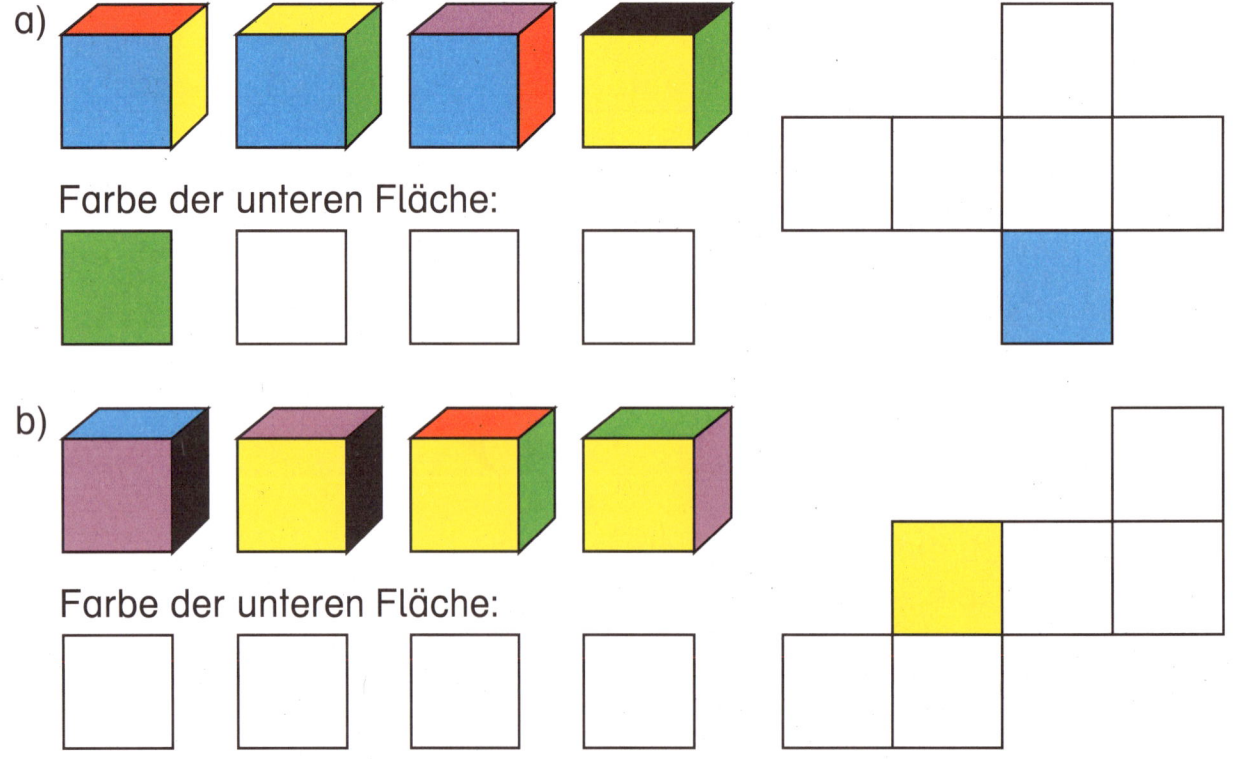

Farbe der unteren Fläche:

b)

Farbe der unteren Fläche:

1 Der Würfel wird so abgerollt, wie es im Plan zu sehen ist.
Welche Zahl liegt jeweils unten?
Trage ein.

Gegenüber liegen sich
1 und 6, 2 und 5, 3 und 4.

a)

1	4	
	2	

b)

c)

2 Du sollst die Figur zu einem Quader ergänzen.
Wie viele Würfel sind es schon? Wie viele Würfel brauchst du noch?

a)

Es sind __ Würfel.

__ Würfel fehlen noch.

b)

Es sind __ Würfel.

__ Würfel fehlen noch.

c)

Es sind __ Würfel.

__ Würfel fehlen noch.

3 Du sollst die Figur zu einem Würfel ergänzen.
Wie viele Würfel sind es schon? Wie viele Würfel brauchst du noch?

a)

Es sind __ Würfel.

__ Würfel fehlen noch.

b)

Es sind __ Würfel.

__ Würfel fehlen noch.

c)

Es sind __ Würfel.

__ Würfel fehlen noch.

3 Der Würfel wird wie angegeben abgerollt.

a) Einmal nach hinten. Unten liegt _____.

b) Zweimal nach rechts. Unten liegt _____.

c) Dreimal nach vorn. Unten liegt _____.

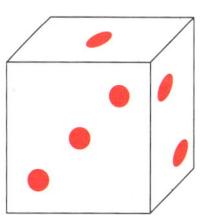

1 Hier siehst du Ausschnitte aus der Hundertertafel. Addiere die beiden Zahlen.

1	2	3	4	5	6	7	8	9	10
11	12	13	14	15	16	17	18	19	20
21	22	23	24	25	26	27	28	29	30
31	32	33	34	35	36	37	38	39	40
41	42	43	44	45	46	47	48	49	50
51	52	53	54	55	56	57	58	59	60
61	62	63	64	65	66	67	68	69	70
71	72	73	74	75	76	77	78	79	80
81	82	83	84	85	86	87	88	89	90
91	92	93	94	95	96	97	98	99	100

a)

42	43		24	25		37	38

_____   _____   _____

b)

23
33

44
54

37
47

_____   _____   _____

2 Was stellst du an den Ergebnissen in Aufgabe 1 fest? Kreuze an.

a) Für zwei nebeneinander stehende Zahlen ist die Summe
   ○ eine gerade Zahl;   ○ eine ungerade Zahl.

b) Für zwei untereinander stehende Zahlen ist die Summe
   ○ eine gerade Zahl;   ○ eine ungerade Zahl.

3 Suche passende Zahlen nebeneinander und untereinander.

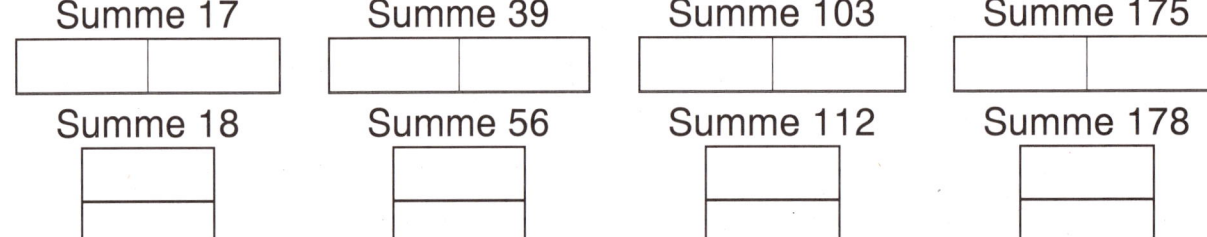

Summe 17   Summe 39   Summe 103   Summe 175

Summe 18   Summe 56   Summe 112   Summe 178

4 a) Es gibt keine Zahlen nebeneinander mit der Summe 12. Begründe.

_____

b) Es gibt keine Zahlen untereinander mit der Summe 13. Begründe.

_____

5 Vergleiche die Summen von untereinander stehenden Zahlen in zwei Zeilen. Was fällt dir auf?

13 + 14 = _____   42 + 43 = _____   64 + 65 = _____   88 + 89 = _____

23 + 24 = _____   52 + 53 = _____   74 + 75 = _____   98 + 99 = _____

Die Summen unterscheiden sich immer um _____.

1 Zu den Zahlen im farbigen Feld Feld gehören Striche am Zahlenstrahl.

200 900
500 700

a) Zwei Zahlen wurden schon am Zahlenstrahl eingetragen.
   Prüfe die Begründungen.

b) Welche Zahl gehört zu dem roten Strich? Trage ein.

c) Zu einer der vier Zahlen fehlt der Strich.
   Zeichne ein, wo der Strich ungefähr liegt. Schreibe die Zahl dazu.

2 Welche Zahl könnte es sein? Kreuze an.

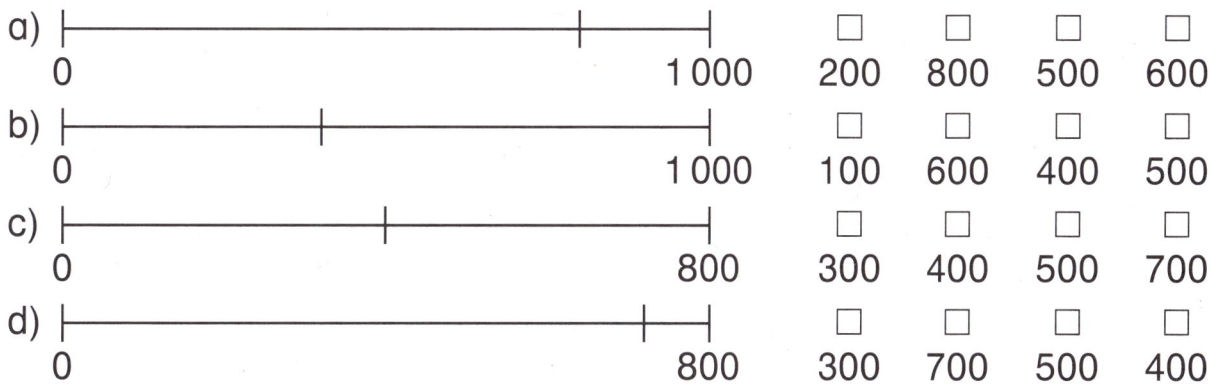

a) 0 — 1 000   ☐ 200 ☐ 800 ☐ 500 ☐ 600

b) 0 — 1 000   ☐ 100 ☐ 600 ☐ 400 ☐ 500

c) 0 — 800   ☐ 300 ☐ 400 ☐ 500 ☐ 700

d) 0 — 800   ☐ 300 ☐ 700 ☐ 500 ☐ 400

3 Songül und Timo haben die Aufgabe 430 + 190 gerechnet.

430 + 190 = 620		430 + 190 = 620
430 + 100 = 530		430 + 200 = 630
530 + 90 = 620		530 − 10 = 620

Löse die Aufgabe 740 + 190 mit den Rechenwegen von Songül und Timo.

740 + 190 =   740 + 190 =

4 Karina und Ali haben die Aufgabe 540 − 290 gerechnet.

760 − 290 = 470		760 − 290 = 470
760 − 200 = 560		760 − 300 = 460
560 − 90 = 470		460 + 10 = 470

Löse die Aufgabe 540 − 290 mit den Rechenwegen von Karina und Ali.

540 − 290 =   540 − 290 =

1 a) Rechne diese Aufgaben.

```
  4 0 8          3 7 4
+ 2 5 1        + 2 3 1
_____      _____
```

```
  7 8 4          7 1 4
- 2 0 1        - 2 6 4
```

b) Karina hat die Aufgaben so gelöst. Vergleiche mit deinen Ergebnissen. Streiche Karinas Fehler an.

```
  4 0 8          3 7 4
+ 2 5 1        + 2 3 1
_____      _____
  6 0 9          5 0 5
```

```
  7 8 4             10
- 2 0 1          7 ̶1 4
_____      - 2 6 4
  5 0 3          5 4 0
```

2 Tom hat nicht richtig gerechnet. Rechne die Aufgabe, dann kreuze an, welchen Fehler Tom gemacht hat.

```
  2 3 6          2 3 6
+ 1 2 4        + 1 2 4
_____      _____
  3 5 0          5 0 5
```

Tom hat den Übertrag nicht beachtet. ☐

Tom hat 2 + 3 falsch berechnet. ☐

3 Fatime hat die Aufgabe 712 − 36 falsch gerechnet. Rechne die Aufgabe, dann kreuze an, welchen Fehler Fatime gemacht hat.

```
    6
  7̶ 1 2
-   3 6
_____
  3 5 2
```

Fatime hat 11 − 6 falsch berechnet. ☐

Fatime hat die Zahlen nicht richtig untereinander geschrieben. ☐

4 Hier wurden Fehler gemacht. Kreuze an.

a) 57 · 3
$\qquad$ 151

Der Übertrag wurde nicht beachtet. ☐
3 · 7 wurde falsch berechnet. ☐

b) 49 · 5
$\qquad$ 244

5 · 9 wurde falsch berechnet. ☐
Der Übertrag wurde nicht beachtet. ☐

c) 248 · 3
$\qquad$ 624

Der Übertrag wurde nicht beachtet. ☐
3 · 4 wurde falsch berechnet. ☐

5 Die Aufgabe 96 : 2 wurde falsch gerechnet.
Kreuze an, welcher Fehler gemacht wurde.

```
9 6 : 2 = 3 1 8
6
___
3
2
___
1 6
1 6
___
  0
```

Es wurde falsch berechnet, wie oft die 2 in die 9 passt. ☐

Die Zahlen wurden nicht richtig untereinander geschrieben. ☐

1   Kann das stimmen? Kreuze an.

Jch habe zweimal gewürfelt. Die Summe der Zahlen ist 14.

○

Jch habe zweimal gewürfelt. Die Summe der Zahlen ist 12.

○

Jch habe eine 6 und eine andere Zahl gewürfelt. Die Summe ist eine ungerade Zahl.

○

2   Fatime hat zweimal mit einem Würfel gewürfelt.
Kann die Aussage stimmen? Kreuze an.

○ Die Summe der beiden Zahlen ist 11. Ihr Unterschied ist 1.
○ Die Summe der beiden Zahlen ist 10. Ihr Unterschied ist 3.
○ Die beiden Zahlen sind verschieden. Ihre Summe ist 4.
○ Die beiden Zahlen sind gleich. Ihre Summe ist 8.

3   Kann das stimmen? Kreuze an.

Jch bin 1,79 m groß. Mein Bruder ist 95 cm größer.

○

Wir haben jede Woche 3 Stunden Sport. Das sind mehr als 100 Stunden im Schuljahr.

○

Unser Auto wiegt zehnmal so viel wie meine Schultasche.

○

4   Anna hat die Ziffernkärtchen 1, 2, 3, 4, 5, 6, 7, 8, 9 einmal.
Sie legt damit vierstellige Zahlen.
Stimmt die Aussage? Kreuze an.

○ Anna kann die Zahl 1 289 legen.
○ Anna kann die Zahl 7 899 legen.
○ Die größte vierstellige Zahl, die Anna legen kann, ist 8 976.
○ Die kleinste vierstellige Zahl, die Anna legen kann, ist 1 234.
○ Von den Zahlen, die Anna legen kann, liegt 3 987 am nächsten bei 4 000.

1 Maria hat zu dem Punktebild Rechnungen aufgeschrieben. Kreuze an.

	passt	passt nicht
5 · 4		
4 + 3 · 4 + 4		
4 + 2 · 6 + 4		
4 + 10 + 4		
10 · 2		

2

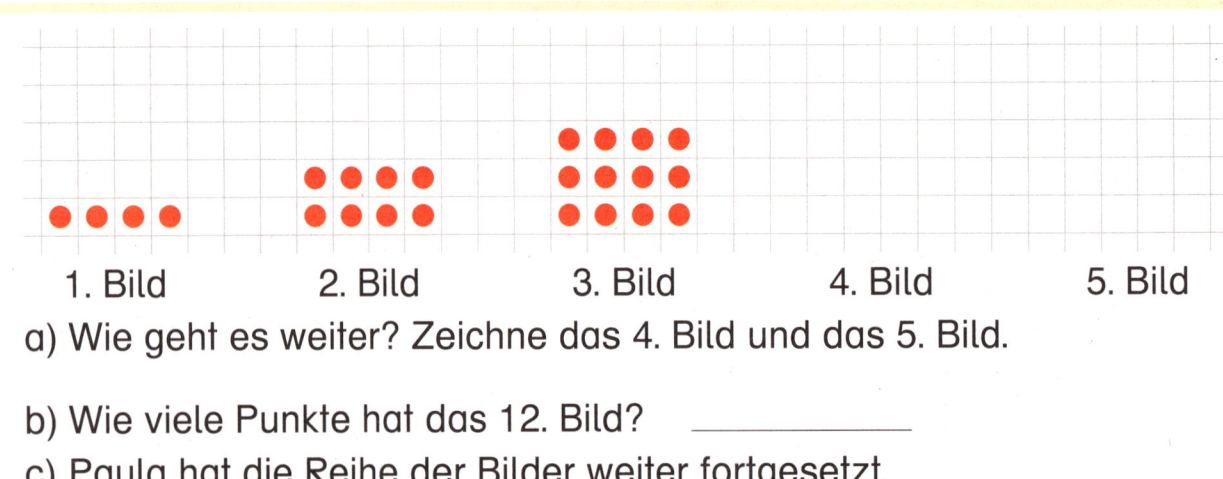

1. Bild   2. Bild   3. Bild   4. Bild   5. Bild

a) Wie geht es weiter? Zeichne das 4. Bild und das 5. Bild.

b) Wie viele Punkte hat das 12. Bild? _____

c) Paula hat die Reihe der Bilder weiter fortgesetzt.
   Kann es sein, dass sie ein Bild mit 102 Punkten gezeichnet hat?

☐   ☐   Begründung: _____
ja   nein
                 _____

d) Paula hat ein Bild mit 64 Punkten gezeichnet. Kreuze an.
   Es ist das   14. Bild ☐   16. Bild ☐   18. Bild ☐

e) Welches von Paulas Bildern hat 44 Punkte? _____

3 a) Mehmet hat Punktebilder gezeichnet. Setze fort

___   ___   ___   ___   ___

b) Wie viele Punkte hat das 10. Bild?   _____

c) Welches Bild in der Reihe hat 144 Punkte?   _____